戦後稲作技術史

その技術普及過程・福井県若狭地方の事例

Toshio Murakami
村上 利夫

東京農業大学出版会

本書『戦後稲作技術史——その技術普及過程・福井県若狭地方の事例』は、昭和34年8月に「農民指導の立場からみた稲作生産力発展の分析——調査対象・福井県遠敷郡上中町旧野木村」として簡易な印刷物にまとめられたものに、若干の加筆をしたものである。

黄金に色づいた稲穂（長谷成佑氏提供）

刊行に寄せて

「『なぜ?』と自問自答する姿勢を大切にして現場に出向くこと。農家とのコミュニケーションを通して課題を探り、仮説を立て、検証していくこと。これこそが普及活動の原点である。昨今、このことが忘れられてはいないか…」

もう20年近く前のことであろうか。ある県の委員会席上で、どういった話し合いの中で発せられたのかは思い出せないが、専門技術員（当時）の方の発言を今でも覚えている。

本書は、昭和30年の大豊作が、「その後、好天候が続いたわけでもないのに、全国、福井県ともそれほど収量が低下しなかった」のは『なぜ?』なのか。この問いから出発した普及指導活動の貴重な記録である。福井県若狭地方の小さな村レベルにおける「技術史」であるが、村上利夫氏をはじめとする当時の農業改良普及員の方々の奮闘ぶりを知ることができ、と同時に、これからの普及指導のあり方、さらには農業経営や地域農業の問題を考えるうえで、とりわけ農業経済や地域営農のしくみづくり、さらには人と人との協同活動に関心を持つ私にとって多くの示唆が与えられた。

特に印象に残った第一の点は、特定の（バラバラに採用された）技術に注目するのではなく、「積み重ねられた技術の相乗効果」（9頁）が重要であるという仮説を立て、技術の「総合的な」普及・浸透、定着のプロセスに着目していることである。それはまさに、技術と経営との結節点としての「労働」（＝その集合体としての組織）に着目することでもある。

第二の点は、上述のこととも関連して、「技術普及の速度」（新しく発見された技術が、指導機関によって農民に普及され、農民が実用化するまでの期間：143頁）という概念を用いて、詳細な農家調査を実施したことである。

特に、「技術を指導した人としてあらわれた村内の農民」に関する調査項目（135頁）は大変興味深い。そこでは、「若手の新しいタイプの指

導者」としての「インフォーマルなリーダー」が、地域内での技術の普及・伝播に大きな役割を果たしていることが示唆されている。「まとめ」にも記されているように、職業的指導者によって指導された技術は、必ずしもそのまま農民から他の農民へと伝播されるとは限らず、「農民の間での話し合い」を通して経営の中に採り入れられるケースがある。そのことによって村上氏は、「部落集団の人間関係を重視することが、指導上必要である」と結論づける。

　近年、「ソーシャルキャピタル」（Social Capital）という概念がある。それは、「人間関係資本」と訳されることからわかるように、人と人とのつながり、信頼関係や規範に基づくネットワークが、社会の発展や安定をもたらす考え方を言う。まさに、技術と経営の結節点である質的な労働の結びつき、すなわち人と人とのつながりをしっかりと育むことが、実は普及指導にとっても重要な要素になることを、村上氏は現場の実態から実感されていたのではないかと思う。

　今さら私が申し述べることでもないが、日本の農業普及制度は「協同農業普及事業」という名称が与えられている。ここでの「協同」の意味は、国と都道府県による協同である。もちろん、国が定める政策を実行するために、目標を設定し、指導計画を立て、実践の程度を検証・チェックするという管理的なプロセスも重要である。しかしその一方で、『なぜ？』という問いを大切にしながら、地域の現場の実態から考え、自由な発想で仮説を立て、地道な調査でそれを検証していく。こうした普及指導のプロセスが、長い目で見ると地域農業の発展にとって重要な意味を持つのであって、こうした「現場との協同」こそが、普及指導の原点である。このことは普及指導に限らず、研究や教育活動にも当てはまるのであろう。

　こうした気づきの機会を与えていただいた村上氏に心から感謝申しあげるとともに、普及指導をはじめとする農業の現場に関心を持ち、実際に携わる方々に是非一読を薦めたい。

　　　　　　　　　　　　北川　太一（福井県立大学経済学部長・教授）

はじめに——刊行にあたって

　筆者は昭和27年から、8年間にわたって福井県若狭地方の農村現場、旧野木村等で農業改良普及員として活動していた。当時普及事業の体制は現在のように組織化・画一化されておらず、筆者はみずからの意向で旧野木農業協同組合にもっぱら駐在して農家の指導、相談に当っていた。

　戦後にはじまった日本の農業改良普及事業が、ようやく軌道にのり出したいわば模索の時期でもあった。日頃から筆者は、自身のその後の普及活動の深化、効率化のために、農家の農業技術への関心や行動を動態的に正しく捉えなければならないと考えていた。

　あたかも昭和30年は全国的な未曾有の稲の大豊作となり、反収は396キロ（全国）となった。当年育苗のはじまる4、5月の天候（福井県）は平年並、6月の気温はかなり高目、日照はやや少な目であった。7月の平均気温もかなり高目、降水量は少なく日照はやや多目、8月は平年並の天候だった。特に7月の天候が良かったことから、一般には30年の大豊作は天候のもたらしたところとされた。

　筆者が疑問に思ったのは、その後、好天候が続いたわけでもないのに、全国、福井県ともそれほど収量が低下しなかった事実である。全国の収量は前年まで10アール当り多い年でも300キロを超えるか超えないかの程度であったが、31年からは348キロを毎年更新するように反収は伸びた（35年には401キロにも達する）。

　そのころ以降はもう400キロを超しても豊作ということばも使われなくなるのである。こうした趨勢は筆者のかかわる若狭地方も同じだった。

　そこで前段の筆者の思いと、この疑問を解明するためにもと思いたち、旧野木村を対象にランダムで抽出した33戸の事例調査を実施することに

したのである。

　この結果をまとめた報告書は昭和34年に、筆者ら改良普及員や役場や農協の活動に資するためにと、数10冊ほどをガリ版刷りにして野木農協から配布されたが、もうどこにも残っていない。

　今日、稲作等の経営体は生産法人、集落営農、家族農業等に限らず多様化しつつある。技術もICT（情報通信技術）の駆使、ドローンで地力を測定し施肥設計を行うというような時代に向いつつある。

　こうした時代に、半世紀余も前に調査した事例の分析が普及指導等に役立つとは思わない。しかし戦後の食料危機を乗り切り、民生の安定と経済成長を支え、わが国を世界屈指の稲作先進国に押し上げたことに、稲作技術が大きく貢献したことを否定することはできない[1]。特にその点では戦後の10年がかなめであり、そのプロセスを記録にとどめることは意義深いといわなければならない。このたび公刊することとした所以である。

　終戦直後は、肥料といえるものはほとんどなく、町屋から運んだ下肥と、地力の向上は草刈、敷草にたよるほかなかった。下肥の運搬にしても草刈にしてもその労力は大変で学童まで動員されたのである。

　筆者が普及員としてはじめて赴任したころ、旧大島村で、焼穂という脱穀が行われていたのを見たことがある。

　施肥設計をたてたり、肥料を計量器ではかって施肥する農家はいなかった。イモチ病に打つ手はなく、田の中に神仏のお札を立てていた（92頁）。それが水銀製剤の出現によって克服されるようになる。

　筆者は農家の生れ育ちなので、田の中へ入って一本一本の草をとることがどんなに重労働かを否応なしに体験させられたが、戦後の10年間は除草剤が普及定着する時期でもあった。

こうした技術普及の過程をミクロに見ると、たとえば増収の大きな要因となった肥料の増投は、新農薬や珪酸の出現によって可能になる（81頁）など、技術の相互関係が複雑にからみ合う。それとさらに天候との関連、農業経営内部の、あるいは兼業、山林労働等との手間の配分関係など多くの要素が作用し合う。30年の豊作は、俄に技術が開発されたのではなく、30年に向けて集中指導が行われたわけでもない。明らかにそれまでに試行錯誤によって積み重ねられた技術の相乗効果があらわれたのであった。

　農家の技術の進歩、変化を「作る人」との関係でとらえようとしたのが本調査の特徴であるが、この点から見ると、それぞれの農家の生い立ちや経営環境、資質などによって当然のことながら技術導入にバラツキがみられる。一方で、理屈では分っていても、ついつい周囲の農家のまねをしてしまうという、集落の作用といったこともうかがえた（86頁）。

　先進的な農家が、いち早く保温折衷苗代を導入したのはよかったが、近隣の水田の中で目立つことになり、害虫の巣窟となり大失敗した（149頁）というように、周囲より突出することが許されない事情もあったのである。

　こうした技術普及の様相については、一般的に指摘されてもいたが筆者らのミクロな調査でも裏づけされたということで、特に目新しい結果ではない。けれども、戦後の食料不足から安定への橋渡しの時期となった当時約10年の県や町村、農協などの現場での指導、農家の技術への取組み方などは、技術史として重要なことであろう。それらのことについては第5項以降に詳述した。

　昭和30年の豊作については、各府県等でも調査研究が行われたようである[2]。ただそれらは技術的な調査であり、技術の普及浸透、定着の

プロセスまで扱ったものではない。

　筆者らの調査も栽培技術に限っており、収穫、その後の乾燥・脱殻調整・あとの水田管理等には及んでいない。この段階での技術も資本投下・労力の配分、兼業とのかかわり、翌年の稲作技術などに大きな影響をおよぼすので、今にして思えば調査としては片手落ちでなかったかと反省している。当時の筆者らの認識としては、食料不足の時代であったから、ともかくも栽培技術で収量を上げることが第一の課題であったからでもあろう。

　今後の技術普及について付言しておくならば、先にふれたように戦後と今日とでは隔世の感があるが、これからの農業は経営形態・組織、担い手、規模など、また稲作栽培技術等もさらに多様化しつつ展開していくであろう。

　この多様化していく（それこそが望ましい姿だと理解している。）農業に、どのように適切に対応していくか、技術開発と実践との距離をどう縮小していくかが、普及事業や農協、行政の課題となろう。

　本書の出版に当ってお世話になった福井県立大学長の進士五十八先生・東京農業大学出版会の袖山松夫氏に御礼申上げる。また、このたびの公刊に当って、福井県立大学の北川太一先生には、御多忙のなか序文の玉稿を賜った。厚く御礼申上げる。

(1) 『昭和農業技術史への証言』昭和農業技術研究会西尾敏彦編　社団法人農山漁村文化協会
(2) 『昭和30年産水稲の豊作に関する調査報告』福井県立農事試験場

戦後稲作技術史
―その技術普及過程・福井県若狭地方の事例

目　次

刊行に寄せて　北川太一 ……………………………………… 5

はじめに――刊行にあたって ………………………………… 7

Ⅰ　調査の方法など …………………………………………… 13
Ⅱ　対象とした地域と農業のあらまし、動き（昭和22年～34年）……… 21
　　1．上中町の概観（現若狭町の上中地域）……………… 21
　　2．野木地区の農業（昭和22年～34年）………………… 22
　　　（1）　土地と農家 ………………………………………… 22
　　　（2）　生産施設と生産物及び経済 …………………… 25
　　　（3）　農民の集団活動の変化 ………………………… 29

Ⅲ　生産力は ………………………………………………… 37
Ⅳ　技術はどう変わったか ………………………………… 51
　　1．品種 …………………………………………………… 51
　　2．苗代 …………………………………………………… 60
　　3．耕耘整地 ……………………………………………… 65
　　4．植付時期・方法 ……………………………………… 70
　　5．施肥 …………………………………………………… 74

		（1）	全層施肥 ………………………………………	82

- （1） 全層施肥 …………………………………… 82
- （2） 過燐酸石灰の元肥全量施用 ……………… 83
- （3） 穂肥の施用 ………………………………… 84
- （4） 元肥重点主義と、早期の追肥、中肥の廃止 …… 85
- （5） 客土（特に肥鉄土）、堆肥の増施 ……… 86
- （6） 肥料の計量と施肥設計 …………………… 88
- 6．中耕除草と水のかけひき ………………………… 88
- 7．病虫害防除 ………………………………………… 91

Ⅴ 村や農協、県はどんな指導をしたか …………………… 99
- 1．役場の指導 ………………………………………… 99
- 2．農協の指導 ………………………………………… 109
- 3．農業改良普及所の指導 …………………………… 117

Ⅵ 稲作技術普及のプロセス ………………………………… 131
- 1．技術の進歩を促したもの ………………………… 131
- 2．技術普及の様相 …………………………………… 143

Ⅶ まとめ ……………………………………………………… 155
- （1） 調査の目的と方法 ………………………… 155
- （2） 調査結果のあらまし ……………………… 155
- （3） 調査地域の展望 …………………………… 158
- （4） 総括 ………………………………………… 159

写真・図・表一覧 …………………………………………… 161
原版の序　中川平太夫 ……………………………………… 163
原版の著者はしがき ………………………………………… 165

I 調査の方法など

　一般的に、戦後今日までの（〜1959）、水稲生産力の伸び方は著しいものがあるといわれる。

　そして、これは、社会経済的条件の好転——農地改革や米価の高騰など——、生産資材（肥料、農薬、農機具等）の改良発達と、その潤沢な供給、農業技術の改善向上などによって、もたらされたとされている。他部門に比べて、稲作部門が特に発展したことについては、政府の食糧増産第一主義の農政に負うところも少なくなかったであろう。

　ところで一口に肥料や、農薬や農業技術の進歩といっても、具体的にどんなかたちで変化してきたものであろうか、それを知りたいと思ったのが目的の第一点、次に、それらの変化を促したものは何か、変化を促したものと、それに対する反応の関係について知りたいと思ったのが第二点である。

　この点を、ミクロな立場から分析すれば、自ずから、普及事業や営農指導事業の、稲作指導の面での評価反省が出来、問題点も、出てくるであろうと思ったのである。

　そういう意味で、首題を「農民指導の立場から」（当初のガリ版刷）とした。もっとも、一口に農民指導といっても、一般にそれは、技術指導だけに止まっているのではなく、生産力にかかる極めて間接的な多くの指導が為されている。だが、その様相や効果は、簡単に把握できないので、本調査では、直接的に生産力に関与したと思われる技術改善指導だけを問題としている。

　調査の方法としては、聴取調査を中心としている。

　調査対象は、314の水田耕作農家を、経営面積によって階層分けし、0.5

第1図　福井県遠敷郡上中町野木全図

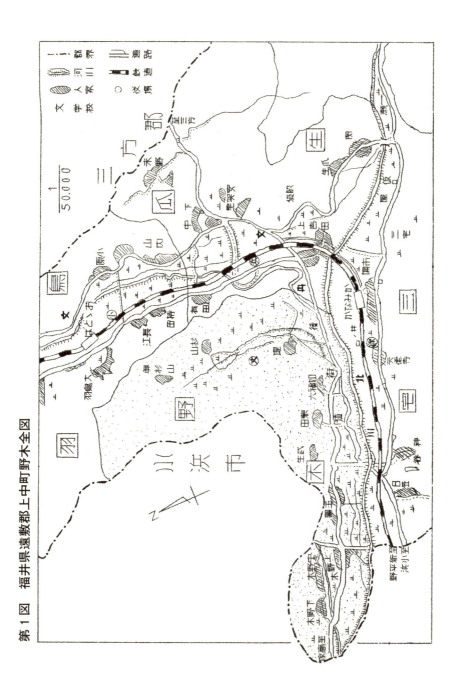

ヘクタール以上の農家から10戸、1ヘクタール以上の農家から15戸、1.5ヘクタール以上の農家から10戸を、カードを用いてランダムに抽出した。ところが実際は、0.5ヘクタール以上の農家で一戸、1ヘクタール以上の農家で一戸は、ある事情で調査不能となった。また階層分けに使った資料の誤まりから1ヘクタール以上の農家が1戸減り、1.5ヘクタール以上の農家が一戸増える結果となって最初の予定通りいかず結局33戸の調査となった。調査対象の状況は、第1表の通りで、その抽出率は、全農家の10.5％である。尚この他に、生産力（反当収量）については、できるだけ正確に把握したいと思ったので29年から33年までの反当収量だけは、簡単なアンケートによって全戸調査も実施した。この調査で得られた回答は33年度分、285戸であつた。既存の関係統計資料等は、できるだけ広く収集しようと努力したが、町村合併後は旧村の資料が放棄されて居り、農協、農業改良普及所等も、事務所の移転改築等によって、古い資料は失われていた。最近の統計はまた、新町村別に処理されているので、充分に資料を引用できなかったことが残念であった。この分では、旧村単位の調査は、今後益々困難になるであろうと想像される。

　この調査を実施して感じたことは、むしろ部落（集落…旧版のママ）を対象として、更に掘り下げるべきではなかったかということであった。旧村単位では、部落（集落…旧版のママ）環境の特異性が無視されることになるし、農民相互の人間関係について見究めることが困難である。今後更に機会があれば、この点を充足したいと思っている。

　尚、聴取調査及び全戸アンケート調査は、昭和34年の1月から、3月にかけて実施した。今日では、記述はメートル法によらねばならぬことになっているが、33年からさかのぼって調査している関係もあって、旧資料はそのまま引用し、本文においても、現状説明以外は、換算の労を

とらなかったので、勝手ながらおことわりしておきたい。（23頁の換算表を参照されたい。）

文中、本年或は現在とあるのは、33年度のことを指し、表中使用した符合は、次のとおりである。

「—」は、事実のないもの。

「…」は、事実不詳又は調査資料のないもの。

第1表　調査対象とその農家の状況

調査農家番号（※1）	年令	経験年数（※2）	最終学校（※3）		兼業の種類（経営主の）	水田経営面積（単位10アール）	
						現在	農地改革前
1	35	15		小	給料収入	9.5	19.0
2	38	12		小	—	8.2	8.2
3	32	10	○	小	—	9.3	8.9
4	59	40		小	給料収入	7.6	3.4
5	29	9	○	旧農林	—	9.6	9.6
6	46	13		小	大工	7.9	6.0
7	40	20		小	—	9.1	17.2
8	39	12		小	—	7.2	7.2
9	43	20		小	大工	9.5	5.0
10	41	13	○	小	—	14.9	14.9
△ 11	34	10	○	旧水産	—	14.5	14.5
12	31	14	○	小	—	10.0	7.0
13	37	13	○	小	季節的日雇	14.8	17.0
14	33	13	○	小	—	13.0	13.0
15	43	13		小	—	14.0	14.0
16	42	13	○	小	—	14.5	9.8
17	47	15	○	旧農林	—	14.0	14.0
18	49	10	○	小	—	15.0	15.0
19	35	10	○	旧中	—	14.1	18.0

調査農家番号	家族労力 人	同 10アール当り	水田の乾田率（％）	其の他参考事項
1	1.6	0.16	42	
2	1.8	0.21	85	
3	1.8	0.19	21	耕耘機有
4	1.8	0.23	100	
5	2.3	0.23	62	30年より経営主
6	1.6	0.20	0	
7	1.6	0.17	35	耕耘機有
8	1.8	0.25	83	
9	1.6	0.16	0	
10	2.0	0.13	43	耕耘機有
11	2.3	0.15	68	28年は日雇いに出ていた。30年祖母死亡
12	1.8	0.18	20	
13	2.3	0.15	54	32年に農道を改修した。耕耘機有
14	1.8	0.13	42	耕耘機有
15	2.0	0.14	40	
16	2.2	0.15	13	24年まで農協職員
17	1.8	0.12	0	
18	2.3	0.15	66	24年まで役場職員、耕耘機有
19	1.8	0.12	14	耕耘機有、31年に農家組合長

次頁へつづく

第1表つづき

調査農家番号(※1)	年令	経験年数(※2)	最終学校(※3)		兼業の種類(経営主の)	水田経営面積(単位10アール)	
						現在	農地改革前
20	43	13		小	—	13.5	12.5
21	46	9	○	旧農林	—	14.0	12.0
22	31	11	○	小	—	10.0	3.0
23	37	13	○	小	—	18.3	18.0
24	64	15	×	小	—	19.0	19.0
△ 25	33	7	○	旧中	—	17.0	17.0
26	41	25	○	小	—	16.3	25.0
27	58	41		小	—	16.0	16.0
28	39	15	○	師範	—	18.0	30.0
29	50	30	×	旧中	—	18.1	33.0
△ 30	32	3	○	旧水産	—	17.0	28.0
31	36	12		小	—	17.5	13.0
32	35	6	○	小	—	15.3	15.3
△ 33	32	14	○	旧農林	—	17.0	14.0

※1　聴取対象は、原則として経営主（世帯主）としたが、△印のみ経営主でない。しかし、計画、作業を通じて経営の中核となっている。
※2　本格的に、農作業に従事するようになってからの年数。
※3　○印は、現在農事研究会等に加入しているもの。又は過去に加入していたもの。
　　×印は、長男が農事研究会に加入しているもの。

調査農家番号	家族労力 人	同 10アール当り	水田の乾田率（％）	其の他参考事項
20	1.8	0.13	37	耕耘機有
21	1.8	0.12	28	24年まで役場職員
22	1.8	0.18	0	
23	3.6	0.19	27	
24	2.8	0.14	15	長男は旧農林卒で農事研究会員
25	2.6	0.15	70	30年より父が病弱、耕耘機有
26	1.8	0.11	30	
27	3.8	0.23	28	
28	2.8	0.15	50	
29	3.2	0.17	82	耕耘機有、30年に養子をむかえる
30	3.4	0.20	78	30年に養子となる
31	2.6	0.14	68	
32	3.5	0.22	65	
33	3.6	0.21	82	26.7年父は農協長

II 対象とした地域と農業のあらまし・動き

1. 上中町の概観（現若狭町の上中地域）

　福井県は、敦賀市を境にして、以西を若狭地方（または嶺南）、東北を越前地方（または嶺北）と呼んでいる。

　若狭地方は、日本海の海岸線と京都府、滋賀県境につらなる山脈との中間に、狭少な耕地を有する地帯で、越前地方に比べると、農家一戸当りの耕地は零細で、しかも地味がやせており、経営の立地条件としては恵まれていない。

　なお越前が、気象的にも、社会的にも、経済的にも、北陸型であるのに対して、若狭は西南暖地型に近い気象を示し、社会的、経済的に京阪地方との交流が盛んなので、言語や風俗、習慣も、京都に親近している。それと関係があるかどうかは別として、越前地方農家の、活溌で商業的なのに対して、若狭の農家は、緩慢で醇朴だといわれている。

　とにかく、同じ福井県でも、この二つの地帯は、全く性格が異なるわけだが、本調査の対象である遠敷郡上中町野木は、若狭地方の丁度中心部に位している。

　東経は135度49分、北緯35度28分の位置にあり、西南方は小浜市、北東は三方町（現在は上中町と合併）と滋賀県に接していて、標高25～50m位のところにある。

　この上中町は、旧小浜藩（酒井十万三千石）に属していたが、廃藩置県により敦賀県へ、のち福井県へ編入された。明治22年の市町村制施行以来、鳥羽、瓜生、熊川、三宅、野木の5ヶ村に分れていたが、昭和29年1月1日を以て合併し、新町が生れた。

　昔は京畿の要路となっていたので、一部の村落は宿場として、繁栄し

たようであるが、大正7年に国鉄小浜線が開通するに至って運輸の便が開け、更に昭和元年には滋賀県大津市と連絡する省営バスが、また今日に至っては、京都市、敦賀市と直接に通ずる民間交通も開けて、産業、文化の発達に貢献している。

　上中町の総面積は82.29平方キロで、人口は9,807人、1平方キロ当り119人となり、福井県の176.8人と比較するとその密度は低い。これを業態別に見ると、農業人口が6,137人、その他人口3,670人で、他町村に比して農業人口の割合が高く、若狭地方としては、最も純農の村といわれる。

　就業人口一人当りの所得額を見ても、103,739円のうち、79,691円は農業所得でしめる。しかしその額は、福井県の平均農業所得の95.2％で、水準に達しない。更に都市を含めた総所得では県平均の75％で、経済的には甚だ立遅れている。

　しかしそれでも若狭地方の農村としては、裕福な部類に属し、諸種の文化施設に恵まれ、町民の教育の程度も低くない。
（以上の資料は、福井県農林水産業の実態、上中町建設計画書）

2．野木地区の農業（昭和22年～34年）

（1）土地と農家

　文字通りの水田単作地帯で、農家戸数314戸の全戸が水田を経営している。畑は16.6ヘクタールあるが、1部の部落に限られており、現在のところ甘藷と麦作が主で、生産性は極めて低い。また平均1ヘクタール有余の山林を所有しているが、収益性の少い薪炭林かハゲ山で、用材育成のための植林が叫ばれつつある。そんな状況なので、農家は水田のみに依存しなければならない。従って水田経営面積の狭小な農家は兼業に

収入の道を求めて生活している（第2表～第4表）。度量衡は、引用資料はそのまま。筆者らの調査は当時の慣例上尺貫法を用いた。換算は次のとおり。

1寸	3センチ
1尺	0.3メートル
1坪	3.3平方メートル
1反	991.7平方メートル　9.91アール
1町	9917.3平方メートル
1合	0.18リットル
1升	1.8リットル
1斗	18リットル
1石	180リットル
1匁（もんめ）	3.75グラム
1貫（メ）	3,750グラム

第2表　土地の状況

山林	畑	水田				
		総面積	乾田	半湿田	湿田	乾田比
585.0	16.6	321.3	87.7	58.9	174.6	27.2

単位はヘクタール、農業協同組合の調査資料による。

第3表　経営階層別水田面積

水田耕作農家	面積総数	1戸当面積	3反未満	3-5反未満	5-1町未満	1-1.5町未満	1.5-2町未満	2-3町未満
314戸	312.5町	9.9反	4.9町	7.0町	74.2町	149.4町	67.0町	9.7町

昭和34年2月実施の福井県農業基本調査地区別集計表より。

第4表　経営階層別専業兼業別農家戸数

		3反未満	3～5反未満	5～1町未満	1町～1.5町未満	1.5～2町未満	2～3町未満	3町以上	計
農家総数	22年	22	30	100	117	40	10	—	319
	29年	23	28	96	109	48	13	—	317
	34年	26	18	101	121	42	6	…	314
第一種兼業農家	22年	—	…	…	…	…	…	…	72
	29年	6	10	37	28	7	2	—	90
	34年	9	4	56	61	13	1	—	144
第二種兼業農家	22年	…	…	…	…	…	…	…	7
	29年	7	11	20	3	—	—	—	41
	34年	15	11	28	6	—	—	—	60
専業農家	22年	…	…	…	…	…	…	…	240
	29年	10	7	39	78	41	11	—	186
	34年	2	3	17	54	29	5	—	110
兼業農家の割合	22年	…	…	…	…	…	…	…	24.7
	29年	56.5	75.0	59.3	28.4	14.5	15.4	—	41.3
	34年	92.3	83.3	83.1	55.3	30.9	16.6	—	64.9

昭和29年と34年とは福井県農業基本調査地区別集計表による。
昭和22年は8月1日実施の農業センサス（福井県統計書記載）による。

　1戸当り水田面積の99アールは、福井県の平均耕作反別73アールに比してやや多いが、兼業農家は年々著しく増加する傾向にあり、現在では全農家の64.9％が、何等かの兼業に従事している。
　これは、第5表にみるように、農家人口の増大にもかかわらず、農業従事者が減少するという結果となってあらわれている。

第5表　農家人口

	総人口		農業従事者	3反未満	3～5反未満	5～1町未満	1～1.5町未満	1.5～2町未満	2～3町
	男	女							
昭和22年	736	842	969	…	…	…	…	…	…
昭和34年	817	917	799	37	29	216	358	138	21

昭和22年は福井県統計書より。
昭和34年は福井県農業基本調査地区別集計表より。

　次に、土地の所有関係についてみると、農地改革の行われる当時は、小作地を有する農家が46％あったが、現在では23.4％に減り、自作農家が増加した。

　更に自小作農を含めると93.1％、耕地面積では96.3％を占める。（第6表）

第6表　自小作別農家数及び耕作面積

	自作		自小作		小自作		小作		計	
	農家数	面積町	農家数	面積町	農家数	面積町	農家数	面積町	農家数	面積町
農地改革前	172	…	69	…	55	…	23	…	319	…
比率	53.9	…	21.6	…	17.2	…	7.2	…	100	…
現在	243	274.1	53	50.9	17	10.9	4	1.6	317	337.5
比率	76.5	81.2	16.6	15.1	5.3	3.2	1.2	0.4	100	100

農地改革前は、福井県統計書（昭和22年）より。
現在は、昭和33年度で、上中町建設計画書現況編による。

（2）生産施設と生産物及び経済

　地域内水田の多くは、第四紀新層土壌で、母岩は主として花崗岩と安山岩である。土壌調査の結果によると、埴土と壌土がそれぞれ20％、埴

壌土50％、砂壌土10％の割合で分布し、耕土の深さは10cm～20cm位である。用水は、滋賀県境から小浜湾へぬける北川からとり入れるので、水源は豊富であるが、地下水位が高く、排水路が不完全なために、大部分は湿田内至半湿田で、それが稲作の生産力や、裏作の拡大を大いに阻害している。

また、塩入松三郎博士や入交正豊氏（現香川農試場長）等の現地調査によって、典型的な老朽化水田土壌と判明した地帯が、凡そ70ヘクタールほどある。そのため、かつては旧野木村といえば、福井県では武生市の大虫地域などと並んで低位生産地を代表するところとみられていた。いずれにしても、土地の条件としては恵まれた方とは言えない。

生産手段としての家畜、農機具の状況は、第7表と第8表に示す通りである。

家畜のうち和牛の殆どは役用牛であり、鶏卵は最近になって、福井市場へ共同出荷を行なっている。

農機具のなかでは、防除器具の著しい増加が目立つ。脱殻機、籾摺機が増して、精米機の減少していることは、一見奇異に感ずる。

脱殻、籾摺機の増加は早場米の奨励金と、それらの事情から早稲の面積が増加したことによる収納作業の繁忙化が原因しているであろう。米の販売と無関係な精米機だけが、わずかながら共同利用の方向に進展し、台数の減少となったのである。

第7表　家畜

和　牛	乳　牛	緬　羊	成　鶏
172頭	3頭	3頭	2,300羽

野木農業協同組合調べ。

第8表　主要農機具の台数

	動力耕耘機	動力脱穀機	動力籾摺機	精米機	モーター	石油発動機	動力撒粉機	手動撒粉機	人力噴霧機
29年	2	199	136	144	173	—	—	32	16
33年	27	228	175	124	242	16	7	126	22

野木農業協同組合調べ。

　作物生産物としては、米の他にみるべきものがない。畑地を耕作するのは一部の部落なので全般としては、稲の裏作物に限られるわけだが、麦、菜種の他は、わずかに甘藷と馬鈴薯を京都市場に送っているだけである。（その作付反別は第9表）

第9表　商品としての裏作物作付状況

麦	菜種	甘藍	馬鈴薯
177反	60反	49反	48反

野木農業協同組合調べ。

　従って農業所得の大部分は稲作所得で占められる。稲作経済についての広汎な資料は得られなかったが、一農家の調査事例を示すと第10表のようである。なお時期別作業別の労働量について、代表的な事例を第11表に掲げた。

第10表　水稲生産費と所得（反当）

（調査農家の概況）			（生産費の構成）			
				単位円		
水田面積	8.00反		種苗費	240	雇用労働費	600
専兼業別	専業		肥料費	5,154	家族労働費	10,076
家族労力	2.0		農薬費	1,380	資本利子　土地	1,003
自給畜役	和牛1		諸材料費	475	資本利子　固定	5,925
主要農機具	モーター1		賃料料金	415	資本利子　流動	1,582
	脱穀機1、籾摺機1		小農具費	338		
	人力噴霧機1		大農具費	1,683	合計	35,913
	人力撒粉機1		建物費	2,372		
（収益計算）			土地改良費	50		
収量	3.2石（反8俵）		牛馬費	2040		
所得	15,037円		包装費	1,219		
純収益	4,675円		租税公課	1,361		
家族労働報酬	6,449円		小作料	—		
同1日当り	320円					

上中町杉山、桑原氏の昭和33年度農産物生産費算簿より
（福井県農協中央会の委託で記帳）

第11表　水稲反当所要労働量

月　日	作　業	人力	畜力(牛)	月　日	作　業	人力	畜力(牛)
4.1～4.10	苗　代	0.2人	0.2	6.20～7.15	二番除草	3.2	
4.5～4.15	浸種消毒	0.1		6.1～8.5	本田管理	2.0	
4.10～4.20	播　種	0.1		6.1～8.20	病虫害防除	1.0	
4.1～4.30	本田荒起し	0.5	0.5	6.25～7.15	みぞ切、稗切り	0.8	
4.1～5.10	本田元肥	0.3	0.2	9.5～10.30	稲刈り	2.0	
4.20～5.10	荒あぜぬり	0.5		9.5～10.30	運搬(稲架かけ含む)	2.0	0.5
4.30～5.10	細　土	0.3	0.2	9.1～11.20	稲架(作り、こぼち)	0.5	
4.30～5.10	しろかき	0.2	0.2	9.15～11.10	脱　穀	1.0	
5.1～5.10	あぜ上ぬり	0.5		9.15～11.10	籾ぼし	0.5	
5.10～6.15	田　植	2.0		9.15～11.15	籾すり	0.5	
6.1～7.10	中耕(草取車)(さしなえ)	0.5					
5.25～6.20	一番除草	2.0			合　計	20.7	1.8

この表は代表的な農家についてサンプル調査を実施したもの。上中町建設計画書現況編より。

農家戸数の凡そ半分は臨時雇を入れているが、水田の面積に変動がなく、農業従事者は減少しているのにも関らず昭和25年と比べると、1戸当りの雇入れ延人員は、29.6人から、26.1人と3.5人の減少がみられる。この事情は後述するところであるが、除草剤や省力整地、農機具の普及、早植による労力配分の合理化などが影響しているためである。（第12表）

第12表　階層別臨時雇数

		総数	3反未満	3～5反未満	5～1町未満	1～1.5町未満	1.5～2町未満	2～3町未満
昭和25年	戸数	150	3	7	39	67	32	2
	延人員	4,447	29	277	900	1,935	1,211	95
昭和33年	戸数	167	9	5	50	56	40	7
	延人員	4,353	98	98	1,173	1,673	1,099	222

福井県農業基本調査地区別集計表による。

（3）農民の集団活動の変化

　最も伝統的に、農民の社会的な性格を特徴づけているのは、部落集団（ママ）であると思われる。従って、人間関係が重要な要素となるこの種の調査においては、部落を単位として、詳細に実施するのが望ましいと思われる。この調査は、旧村を対象として行っているので、夫々の部落集団の特異性については述べないが、細微にわたって観察すると、生活態度や農業慣行にも、部落によってかなりの差異があることを、前もってことわっておきたい。何故ならば、その性格の特異性はこれから述べる農家組合や、農協青年部の部落別活動にも影響しているが、その説明も省くことにしたいからである。

第13表　集団の現況

集団の名称	集団数	会員数	年令層	所属する人
農家組合	9	314		経営主
農協青年部	1	117	20～40	経営主又はその長男
農協婦人部	1	220		主婦又は若嫁
青年団	1	84	16～25	義務教育終了の青少年
4Hクラブ	2	35	18～25	2部落にのみ組織されている
老人クラブ	1	85	70才以上	世帯主でなくなった人

　現在組織化されている集団は、第13表のようである。

　まずこの村の農家組合の、主な活動分野を見ると、病虫害の共同防除計画、資材の購入、生産物の集荷、座談会、講習会等の世話等で、他に、系統利用、農協共済加入推進等、農協運動の啓蒙的役割を果すことも、その任務となっている。

　過去においては（農事実行組合と称していた頃から、昭和30年頃まで）、全く自主性のない、農協や役場の御用下請機関だったが、今日においては、尚その性格は濃厚ではあるもののかなり活発になってきている。

　部落の農業振興計画を討議したり、自主的に農業講習会を計画したり、作業の共同化をすすめるような姿がぽつぽつと見られるようになってきた。そういう農家組合の変ぼうにともなって、役員の年令層も、従来の40～50才台から、30～40才台に若くなりつつある。

　農協青年部の来歴を簡単に述べておこう。

　戦後この村に、農業研究グループが初めて出来たのは昭和25年である。当時会員であった人の話によるとみづほ会と称し、会員数は十数名で、別に会則というようなものはなく、時折集合して農事の問題を話合う程

度であったという。又その話題は、「稲にブドウ糖を与えると増収するとか、畦畔に鏡を並べて日照を反射させると増収するというような、所謂篤農技術的なもので、実行の出来ないことばかりだった。」と言っている。

　そんなふうに、改良普及員等の指導もうけずに、ただ他所の成功例を話合うだけに終っていたので、お互にあきたらなくなり、26年の暮には、自然消滅してしまった。

　その頃には、全国的に、所謂農事研究会がぼつぼつ結成されつつあった。頃を同じくして、農協運動も地につきかけた時であったので、当時このこの村の営農指導員K氏は指導事業の足場としての研究会育成を思いたった。

　そして、K氏の指導で27年の4月に、野木農事研究会が誕生したのである。その時の会員数は60名位だったという。ところがこの会員の主な活動は、水稲やレンゲの採種圃担当、其の他農協指導部の下請的なもので、年に一回の視察旅行の他は、各部落の世話人が時々集合する程度で、会員相互に親近性がなく、28、9年頃には、もう有名無実の存在となっていた。

　そこで昭和30年の春には、熱心な少数の青壮年と改良普及員、営農指導員が相寄って相談し、「部落別の活動、研究活動を主体とした会の性格」を強く打ち出して、会員を再募集することになった。

　この方針には、支持者が多くて、約80人の会員が集まった。丁度その頃は、農協の営農指導事業充実の問題が論議されるようになった時でもあったし、当事者に理解もあったので、農協からの経済的な助成が得られた。

　また、改良普及員の指導も、この会員に対して濃密的に行われたので、

研究意欲が高まり、会員のとり入れた新技術も、30年の好天候が幸いして大成功を納めた。それは、研究会の実力を一般農民に認めさせるに充分であった。

かくて稲作研究活動を中心に、彼等の集団は着実に発展し、県下の優良研究団体として表彰を受けるまでになったが、31年の暮から32年の初め頃にかけて、一つの問題が起り、会員の間で研究討議が続けられた。それは「米を多くとることが、果してどれだけ農家経済のプラスになるか、稲作の研究に終始することが、将来の村づくりに、どれだけ役立つか」というような反省がなされたためである。その結果「土地改良を推進しよう。そのために、部落と部落が手をつないで、大きな力で事に当ろう。」ということになった。それが現在の農協青年部設立の動機となったのである。

そんないきさつがあって、32年の2月には総会で議論され、賛成者多数で農事研究会が発展的に解消されることになり農協青年部が生まれた。今日では、その組織を、営農部、文化部、販購部に分け、それぞれその下に各種の専門班を設けて分科活動を行なっている（例えば営農部には、稲作、養鶏、経営の3班がおかれている。）。また各部落を支部と称して必要な役員をおき、夫々の部落の実状に応じた活動計画が作られて、自主的な運営がなされている。（33年度の活動計画を次頁に示す）

参考までに、この農協青年部は、33年度においては、県下の優秀農協青年部として表彰されている。

以上の発展のしかたを、凡そ次のように要約し、説明の補足としたい。

1．昭和25、6年のみずほ会
　　所謂篤農的なグループで、実際農業には、あまり役立たなかった。
2．昭和27〜29年の農事研究会

官製的な研究会で、自主性にかけ、下請的だった。
3．昭和30、31年の農事研究会
研究的だが、稲作一本槍で、多収穫の欲望のみでつながった巾の狭いグループ
4．32年以降の農協青年部
研究的、組織的で活動分野も広いが、系統組織に利用されたり、事業によっては、役員だけの形式的、外面的活動におちいったりすることが懸念されていた。

次に、農協婦人部は、昭和24年9月に設立された。

会員の話では、当初は役員会と総会が開催されるだけで、これという活動は何もしていなかったということである。農協の積極的な指導のためか、29年頃から漸次発展し今日では、生活資材の共同購入、農事の研究、生活改善の話合いや講習会、共同娯楽とスポーツなど、比較的活発な活動を行なっている。

後記の事業計画書でも分るように、稲作の研究活動は、重要な部門を占めているが、これは、昭和31年の春以来のことである。改良普及員等の助言もあったわけだが、会員の間で次のような反省と、提案があったからである。

（1）多くの場合、生活改善に先行するものは農家の経済であり、その基礎である稲作に主婦が無関心であってはならない。
（2）技術を持たずに、ただ男の指図に従って農作等を行なっているようでは、いつまでたっても、婦人の地位は向上しないのではないか。
（3）給料取り其の他の兼業農家では、主婦が農作業の中心となっており、その人達は、米作りに手いっぱいで、一般的な婦人部活動の余暇さえない。そんな時間があれば、米を多くとる技術を教わりたい。

このうち、(3)の要望は最も痛切で、早速それらの人達が、卒先して「稲作研修グループ」を作ったのである。このグループ員は、当初20名程度であったが、現在では、6部落に組織され、会員数は80余名に達している。

その運営の方法は、各自が「稲作研修田」10アールを持ち、改良普及員と営農指導員の指導を受けて、土壌調査から、施肥設計、病虫害防除と、一貫して科学的な方法で栽培する。

この場合に、男手のある普通農家の主婦は、自由な行動がとれないので、予め家庭内で話合いによって、その研修田だけは、設計や管理の一切について、男が干渉しないという約束がなされている。

この村には、他の地域のどこにでもある「婦人会」というものがない。

これは、農協婦人部が以上のような活動によって自己の組織に自信を高めたからである。

活動に本質的な差異のない団体が、二つ以上も存在することは好ましくないという役員の意見もあり、公民館、農協、改良普及員等の考え方も、農協婦人部一本で良いという一致した意見だったので、婦人会は解消されることになった。

これは、33年の夏以来であるが、福井県としては、他に例を見ないようである。

青少年の団体としては、青年団と、4Hクラブがあるが、青年団が農事の研究を行なうようになったのは、31年からで、主として青年学級の開催によって基礎的学習をしている。

4Hクラブは、28、9年に誕生し、講話会、読書会などによって学習している。

しかし、いずれもまだ低調で、青少年の自覚と、関係者の充分な育成

指導が望まれている。老人クラブの活動については、農事と直接に関係がないので省略したい。

昭和33年度野木農協青年部活動計画

（1）基本方針
1. 農家経済の計画化
2. 農協理念の徹底
3. 土地改良の推進
4. 生産技術の研究
5. 特産物、畜産物の研究

（2）具体策
1. 営農改善事業

  ①経営改善事業

   農家経営の実態調査と診断

  ②土地改良の推進

   気運の醸成と啓蒙。先進地視察

  ③稲作改善事業

   イ．品種別栽培試験、供試品種　越南14号、越南12号、山陰44号

   ロ．早植栽培試験（室内育苗）　4月30日、5月5日、5月10日、5月15日、5月30日

   ハ．施肥改善展示圃の設置　土壌調査にもとづき施肥設計をして、その展示圃を作る。

   ニ．ライシメータによる試験　水田の減水深に関する試験

   ホ．病虫害防除効果の調査　特に害虫防除の薬剤散布効果と、その経済調査

へ．倒伏と無効分ケツの防止に関する研究
ト．特産物の育成　特に馬鈴薯、甘ランを普及すると共に各試験田を設置する。
チ．畜産振興　特に飼料作物の研究、養鶏の振興。（以下略）

昭和33年度野木農協婦人部事業計画書

月別	会　議	事業	事業細目
3月	総　会	事業計画の設定 生活改善講習	本年度事業の設定 栄養料理
4月	役員会	稲作改善講習 畜産講習 慰安旅行	苗代の作り方と管理 施肥設計のたて方、研究田の設置 鶏のかい方
7月	役員会	青田作見会 青年部と語る会	各試作田及研究田の作見、 現地指導を受く
8月	役員会	生活改善講習 裏作栽培講習	栄養料理及び、衣類 秋野菜の栽培方法
9月	役員会	現地研修会	極早生収量調査と研究
10月	役員会	現地研修会	中晩稲収量調査と研究
11月	役員会	農産物共進会 実績発表会	出品物の勧誘と成績品発表 研究成果を地区民に公開
12月	総　会	調査と講習会 反省会	料理 本年度事業の反省

年間を通じ下記の要目に努める。
1．農家生活に必需品の共同購入
2．月掛貯金の励行
3．優良図書の普及、特に「地上」、「家の光」
4．生命、建物共済の推進
5．家計簿の普及

Ⅲ　生産力は

　単位面積当りの正確な収量推移の把握は、なかなか困難であるが、以下に示した農林統計、聴取調査、全戸調査、米の農協取扱販売数量等によって、凡その傾向を知ることが出来るであろう。

第14表　反当収量と収穫高
福井農林統計表

農林省福井統計調査事務所

年　次	収穫面積	反当収量 石	収穫高 石
21	330.0 町	2,060	6,790
22	316.3	1,852	5,860
23	321.6	2,276	7,322
24	217.6	1,970	6,259
25	317.5	1,630	5,177
26	308.4	1,809	5,573
27	318.5	1,871	5,959
28	319.7	1,363	4,111
29	315.1	1,602	5,050
30	324.0	2,413	7,819
31	325.0	2,246	7,301
32	338.1	2,294	7,756
33	338.0	2,687	9,081

第15表　昭和29年以降の反収

(全戸調査)

29年			32年		
作付面積	収穫量	反収	作付面積	収穫量	反収
1211.9	6228.5	5.1	1488.4	984.9	6.6
		(2.04石)			(2.64石)
30年			33年		
1303.5	8,245	6.3	2565.7	18728.9	7.3
		(2.52石)			(2.92石)
31年					
1327.0	8,295	6.2			
		(2.48石)			

註　作付面積は反、収穫量は俵
　　調査戸数は、29年108戸、30年116戸、31年120戸、32年136戸、33年285戸

第16表　年次別米の政府売渡数量

年次別	24	25	26	27	28
販売数量	9,115	6,712	6,984	6,147	4,610
年次別	29	30	31	32	33
販売数量	5,211	10,600	10,803	10,538	13,439
単位　俵　資料は福井食糧事務所上中出張所					

註．米の供出数量から、生産量の推移を想定する場合には、次の点に注意する必要がある。
　〇実質的に、戦後次第に統制は緩和されつつあったこと。
　〇昭和30年以降は予約販売の推進によって、系統販売率が良くなっていること。
　〇32年から、特に検査が厳重になり(乾燥の点で)規格外となって売渡し出来なかったものがあること。

第17表　個人別反当収量

（聴取調査から）

農家番号	年次別	23	24	25	26	27	28	29	30	31	32	33	増収率
1町未満	1	2.0	1.9	2.0	2.3	2.3	2.4	2.4	2.5	2.5	2.5	2.8	132
	2	1.5	1.4	1.6	1.5	1.7	1.8	1.7	2.5	2.7	2.7	3.1	188
	3	2.0	1.8	1.9	2.0	2.1	2.1	2.0	3.0	2.4	2.5	2.6	131
	4	不明	不明	2.00	変らず	変らず	2.21	2.11	2.36	2.26	2.94	2.95	135
	5	2.10	2.16	2.37	2.25	2.10	2.06	1.60	2.66	3.00	3.50	3.91	157
	6	2.1	2.0	2.0	1.9	2.0	1.8	2.1	2.4	2.5	2.4	2.5	121
	7	2.5	2.6	2.5	2.3	2.4	2.6	3.3	3.5	3.1	3.4	3.3	128
	8	2.1	変らず	変らず	変らず	2.2	2.3	2.3	2.4	2.5	2.6	2.7	123
	9	2.5	2.4	2.5	2.5	2.4	2.3	2.5	3.0	2.9	3.1	3.1	122
	平均	2.10	1.79	2.11	2.09	2.13	2.17	2.22	2.70	2.65	2.85	2.99	137
1～1.5町未満	10	2.4	2.4	2.6	2.4	2.4	2.4	2.6	3.5	3.2	3.2	3.4	132
	11	2.0	変らず	変らず	変らず	変らず	1.8	2.9	3.0	3.3	3.3	3.3	165
	12	→		1.6～1.8		←	2.0	2.8	2.9	3.0	3.2		178
	13	1.0～1.6		→徐々に上昇			2.1	2.8	2.5	2.4	2.8		161
	14	2.4	変らず	変らず	変らず	変らず	変らず	2.4	3.0	3.0	3.1	3.4	132
	15	1.6	変らず	変らず	変らず	変らず	1.6	1.7	2.3	2.7	3.2	3.6	197
	16	2.2	2.0	1.9	2.1	1.9	2.1	2.0	3.2	3.0	2.9	3.6	156
	17	2.4	2.4	2.4	2.5	2.6	2.6	2.7	3.4	2.8	3.2	3.6	133
	18	→2.0～2.2←			→	2.0～2.4		←	2.8	2.8	2.8	3.0	130
	19	2.25	不明	2.10	2.06	2.36	2.20	2.06	3.00	2.66	2.98	3.14	134
1～1.5町未満	20	2.0	不明	不明	不明	不明	不明	不明	3.1	2.8	2.7	3.0	141
	21	2.0	2.0	2.2	2.2	2.3	災害とその復旧作業		3.0	2.9	2.7	2.8	135
	22	2.0	→除々に上昇			2.5	1.6	2.3	3.1	3.0	3.3	3.2	158
	平均	2.16	2.11	2.15	2.16	2.23	2.09	2.28	3.00	2.96	2.98	3.23	150
1.5町以上	23	2.66	不明	不明	2.40	2.30	2.27	2.30	3.00	2.73	2.92	3.00	108
	24	2.2	変らず	変らず	変らず	変らず	2.5	2.6	2.8	3.0	3.0	3.0	136
	25	不明	2.40	2.20	2.30	2.20	2.20	2.06	2.80	3.24	3.26	3.64	147

農家番号\年次別	23	24	25	26	27	28	29	30	31	32	33	増収率
1.5町以上 26	1.72	1.73	1.71	1.84	2.20	2.28	2.10	2.83	2.80	3.85	3.81	2.02
27	2.0	2.0	2.0	1.6	1.9	1.9	1.8	2.4	2.3	2.3	2.5	1.18
28	1.8	→殆ど変わらず←						2.6	2.6	2.6	2.8	150
29	不明	2.4	2.1	2.2	2.1	2.1	2.0	2.4	2.8	3.0	3.3	134
30	不明	不明	不明	2.0	1.5	1.6	1.7	1.7	2.0	3.1	3.0	158
31	2.0	→殆ど変わらず←						2.3	2.3	2.5	2.7	125
32	不明	不明	不明	不明	不明	不明	2.5	2.8	2.9	3.0	3.1	120
33	2.50	2.32	1.99	2.01	1.85	2.07	2.10	2.90	2.84	3.18	3.27	136
平均	2.13	2.11	2.00	2.04	2.01	2.07	2.09	2.60	2.69	2.97	3.10	139
総平均	2.12	2.00	2.08	2.09	2.12	2.11	2.19	2.79	2.79	2.94	3.12	142

注 1． この調査は、総収穫高の記録、或は供出（販売）高よりの推定（被調査者の）。または反収の記憶によったものである。単位は石。
 2． 平均反収算出の場合、聴取収量の不明確な年次は計算から除外してある。
 3． 増収率は、23〜25年の3ヶ年間を100として、31〜33の3ヶ年平均収量の増加割合をみた。但し農家番号⑫は1石7斗を基準に⑬は1石6斗、⑱は2石2斗、㉚は26〜28年の平均を㉜は29年の収量を100として算出した。

第18表　最高、最低収量（反当、石）

	農家番号	1	2	3	6	7	8	9	13	16	17	19	26
23・4年頃	最高収量	2.4	2.0	2.6	2.8	2.8	2.3	2.8	1.6	2.3	2.8	2.4	2.8
	最低収量	1.8	1.2	1.6	1.6	2.0	2.0	2.0	1.0	1.2	2.0	1.2	1.6
33年	最高収量	3.2	3.6	4.0	3.0	3.8	3.2	3.4	3.0	3.9	4.0	3.4	4.0
	最低収量	2.4	2.8	2.4	2.0	2.0	2.6	2.8	2.6	3.5	3.2	2.3	2.8

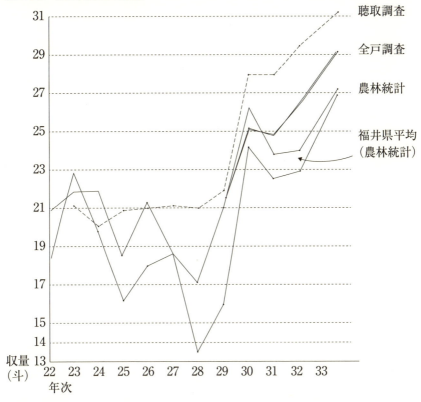

第2図　反当収量の推移

　第2図によって分るように、反当収量の傾向はほぼ一致しているが調査の方法によってその量にはかなりの開きがある。

　33年の収量は、農林統計が2石6斗8升、全戸調査が2石9斗2升、聴取調査では3石1斗2升となり、1俵余の差がある。更に福井県の農業基本調査地区別集計表によると、25年は1石6斗8升、26年が1石7斗9升、33年は2石7斗7升となっていて、これは全戸調査よりも低く農林統計の反収よりはやや高い結果となっている。ここでは、このような収量差を取り上げて問題にする気はないが長期にわたって農民を束縛

してきた食糧統制が、この種の調査統計を不健全ならしめていたという感じがしないでもない。何故ならば、吾々の実施した聴取調査は、標本こそ少いがすくなくとも33年度の反収は、農家の総収穫量の記録から割出したもので比較的正確なものに近いと思われるし、農林統計の反収2石6斗台の農家は33戸中わずかに3戸より見なかったからである。

いずれにしても、以上の資料から29年までは停滞気味であるが30年を契機として、飛やく的に上昇している姿が見られる。特に低位生産地といわれたところだけに福井県の平均収量よりかなり劣っていたのが、30年以降その差が縮小し33年には極く僅かな差となっていることも注目される。

昭和28年度の減収はジェーン台風による水害のためであるが、聴取調査でみると、さほど低下していないのは被害が局所的（特に被害の多かったのは下野木地籍）であったからである。農協の取扱い販売数量も、この年特に少ないが台風という一般に通ずる表看板によって、被害を受けない農家の販売数量まで減ることになったから数量はより激減する結果となっている。

30年以降の豊作の原因が何によるものであるかは、これから総合的にみていこうとするが、概観してそれまでの収量は気象と病虫害に支配されることが大きかったように思われる。

第19表及び第20表によって30年までは凡そ気象条件が悪く病虫害の被害が多かった年は減収になっている。ところが31年以降の天候は必ずしも良かったとはいえないのに、病虫害による減収量は少なく、反収は増加しているのである。特に33年に至ってはイモチ病と、メイ虫の被害は殆ど皆無となっている。

第19表　年次別の被害面積と減収量

年次	総計 被害面積	総計 減収量	気象災害	病害	内イモチ病	虫害	内メイ虫	其の他
23※1	…反	…石	…石	…石	…石	…石	…石	…
24	622	432	168	264	264	…	…	…
25	2,111	759	481	278	278	…	…	…
26	1,211	521	65	321	308	135	135	…
27	3,623	676	205	185	159	286	209	…
28	7,650	2,936	2,267	356	243	313	91	…
29	7,444	1,167	400	323	323	163	…	281※2
30	2,110	436	242	53	44	115	27	26
31	2,420	391	223	73	73	95	78	…
32	2,442	543	10	264	232	259	228	10
33	3,148	121	79	8	35	34	14	…

農林省福井統計調査事務所小浜出張所の「市郡町村別被害統計」による。
※1．23年は農家の記憶によると気象良く災害少ない年であった。
※2．災害復旧作業によって田植が遅れたための減収。

第20表　年次別気象表

平均気温　　　　　　　　　　　　　　　　　　　　　（第20表の1）

年別＼月別	4	5	6	7	8	9	10
23	…	…	…	…	…	…	…
24	…	…	…	…	…	…	…
25	…	…	…	…	…	…	…
26	10.34	19.17	21.85	25.76	30.00	22.91	20.31
27	13.60	18.28	21.94	26.89	27.75	…	18.14
28	12.38	17.90	21.32	25.07	26.91	22.61	16.37
29	12.76	17.50	18.60	24.60	28.00	22.50	14.60
30	13.42	18.80	21.70	27.90	27.18	21.81	16.35
31	13.32	18.01	22.09	26.08	25.64	24.59	18.01
32	12.7	15.9	19.9	25.4	26.4	20.0	15.5
33	14.0	18.4	24.6	27.3	27.3	24.2	16.9

降水量と降雨日数　　　　　　　　　　　　　　　　　　（第20表の２）

月別 年別	4	5	6	7	8	9	10
23	162(15)	89(10)	132(14)	205(15)	83(7)	265(16)	104(9)
24	166(17)	137(11)	292(16)	234(10)	64(9)	297(17)	176(18)
25	231(12)	155(13)	204(21)	125(14)	333(11)	260(19)	310(17)
26	150(12)	133(13)	142(11)	278(14)	57(6)	75(13)	137(9)
27	190(14)	136(15)	268(18)	440(20)	39(7)	225(16)	120(12)
28	75(13)	218(12)	280(21)	432(16)	101(13)	567(16)	77(13)
29	129.8(10)	180.1(14)	362.9(20)	208(16)	121.9(6)	348.0(15)	106.8(15)
30	79.4(12)	133.6(15)	180.7(14)	146.5(10)	88.3(8)	212.0(18)	254.5(23)
31	171.4(9)	127.8(13)	168.5(16)	283.9(20)	295.1(12)	166.9(16)	147.6(21)
32	144.9(14)	204.1(14)	204.7(15)	353.8(24)	168.5(14)	258.5(16)	145.5(18)
33	99.4(16)	116.2(10)	112.7(81)	248.9(16)	267.4(17)	318.2(22)	198.8(16)

（　）内は降雨日数

初　　　　霜		終　　　　霜	
最早降霜日　27年　11月20日		最早終霜日　26年　3月6日	
最遅降霜日　29年　12月16日		最遅終霜日　27年　4月29日	
平均降霜日　　　　11月20日		平均終霜日　　　　4月13日	

（昭和21年～30年に至る10ヶ年間の調査）
昭和28年までは上中町熊川観測所、29年以降は小浜観測所の資料によった。

　しかし、それだけのことで、豊作は単に「技術の進歩」によってもたらされた、といいきることが出来るであろうか。もしそうであったとしても、その背景が明らかにされなければならない。
　そこで、聴取調査によって、生産量の推移を、もう少し詳細に眺めようと思う。23～25年を基準とした31年以降の増収率は142％で最高最低収量について調べてみても、33年度においては最低収量が23、4年頃の最高収量を上回る数字を示している。即ち33年度の最低収量が、23、4

年頃の最高収量より下回っている農家は、12戸のうち4戸に過ぎない。

しかしこの飛躍的な発展の大部分は30年に起っているのであって基準年に対する30年度の増収比は134％となり、31年以降に増収した分は8％に過ぎないのである。これによっても、如何に30年の発展が大きなものであったかが分かるのである。同時にそこにおいて、次のような疑問が生まれる。豊作の原因を簡単に技術であるとするにはあまりにも、前年との開きが大き過ぎはしないか。即ち技術がわずか一年の間にそれほど進歩したとは考えられないからである。

また、豊作の原因を天候であるとすれば、31年以降の連続豊作を説明することが出来ない。農林統計においては、30年に比べ31年は減収となっているが、聴取調査、全戸調査、米の販売量などから推して、幾分下回るか凡そ30年と同じ程度の反収をあげていたとみるのが正しいのではないかと思われる。聴取調査では、31年に減収した農家は16戸、増収した農家は12戸で数は少なかったが、減収量より増収量が上回っていたから、全体としては、収量は変らない結果となっている。さてさきの疑問は一応それとして残しておいて、次に個々の農家について、生産量の消長と、その動因を見ることにしよう。

昭和23年は天候に恵まれて多収、28年は水害のため一部の農家は減収、30年は飛躍的な発展、33年には更に増収というのが、多くの農家の消長であったが、その一般的な傾向以外に、特異な変化も少なくなかった。この特異なものについて3斗以上にわたり増収したり、減収したりした事例をとって、農家から聞いたその主な動因を述べておこう。

農家番号（1）（39頁）の26年以降の増収、（15）の31年以降における飛躍的な増収、（19）の、27年度の増収及び（33）の、25年以降における減収については、理由が判然しなかったが、その他の特異な変化につ

いては、それぞれに事情のあることが分った。

（5）の29年の減収は、父が病弱・死亡のため、また31年以降の発展は、農林学校卒業の長男が新しく経営の担い手となったためであった。

これと同じ例は（24）と（25）で、（24）は28年から（25）は30年から父、病弱のため、経営の実権が長男に移行、両者とも、その後の生産力の伸びが著しい。

（11）の28、9年の開き（28年の減収、29年の増収）は、水害の関係でなく28年は当人が隣村から養子に来て間もない頃であったので、家の事情も分らず、部落の人達ともなじめなかったので、営農に力を入れる気になれなかった。そのため日雇い（土方）に出ることが多かったので減収したという。

また31年の増収は、とかく、おせっかいで新しい技術の導入にブレーキをかけていた祖母が、30年に死亡したので、31年は自分の思う通りに技術を駆使することが出来たからだと当人は言っている。

（27）の、26年の減収は病弱のため、（29）の25年度における減収は水害のためであった。

なお（29）の31年以降における増収は、養子をむかえて、その年から労力の増したことが一つの原因であった。

（30）の27年以降の収量低下は、経営主の老弱によるものと思われ、31年以降の飛躍的な発展は、30年にむかえられた養子の能力によって、もたらされた。

（7）の29年以降の上昇、（26）の27年からの上昇は、前年まで耕作していた水田の一部を、貸付けることによって経営面積を縮小した結果、労力的に条件が良くなったことに起因している。

（13）の32年度における減収は、その年に農道を修理したため、稲作

の管理が充分に出来なかったからだ。

　24年に役場勤務をやめて、それ以後農事に専念するようになった(18)、(21)は共に翌25年から収量をあげているし、(19)は、31年に農家組合長を引受けたので、適期に作業が出来ず、そのために減収したと語っている。

　例えばこうである

　「農家組合長は、追肥の時期に会議が多いので、追肥がやれないと思ったから元肥にうんとやっておいた。その結果は早稲は良かったが、中晩稲の減収となった」と。

　以上の事例は、偶然に起った経営環境の変化──その多くは農業の担い手としての人や労働関係の変化──によって、反収の支配されることが少くなかったことを物語るものである。

　30年以降の豊作を考える場合においても、こうした「人」との関係を無視するわけにはいかないのでなかろうか。

　「技術」という言葉には、「人」や労働の関係が内包される。天候、技術、資材、資本の蓄積、米価の問題等々と同時に、この関係を解析して、はじめて生産力の発展構造が、明らかにされるであろう。

　生産技術の進歩によって、労働条件の良くなってきた事情については後節で述べるが、「人」と生産力との関係について、もう少し、触れておきたい。

　個々の農家の増収率や生産力の違いは、何に起因するものであるかを知りたかったが、調査の範囲では、労働の質的能力の影響するところが大きいように思われたのである。

　即ち、土地の肥せきについて調べた結果は、昔、一等田といわれた場所を耕作している農家でも、今日の生産力は必ずしも高くなかったし、

逆に「カス田」ばかりを持っていた農家でも、堆肥の増施や客土によって、相当な収量を上げており、今は何を基準にして上、下田を類別するかに迷ったので、第１表にも、敢てそのことを記載しなかった。

また、乾・湿田の耕作割合によって、増収率が異なるかとも思ったが、必ずしもそうでなかった（第１表、17表参照）。

更に反当家族労働力と、現在の収量との関係もあまり見られなかったのである。

ところが経営の階層によってみると、第17表のように、生産量に若干の差異が見られた。

即ち、１町未満の農家は、総平均より33年の収量において１斗８升、増収率においては、５％低かったのである。

これは、資本の問題を別とすれば、単位当りの投下可能労働量に変りがないのであるから、その差は、労働の質によって生じているものと考えざるを得ないのでなかろうか。何故労働の質が低下するかは、兼業のための、婦人や老人への依存、生産意欲の問題などがあげられようが、ここでは残念ながらその関係を、追求する資料を持たない。

人の問題で見逃してはならないことがもう一つある。

それは、経営主の年齢と経験年数で、33戸のうち14戸は、30才台の人が経営の実権を握っており、更に経営主ではないが、農作業の中心となって働いている人を加えると19戸で、半数以上を占めている。

経験年数では、戦前内至は戦時中から農業に従事していたとみられるのは、わずかに９人で、他は戦後軍隊から復員して従事するようになった人達である。

尤も復員した当時は経営主ではなかったが、その後10年ほどの間に、経営の実権、或は主導権をとるようになったのである。

戦前から戦時中にかけて経営を担当した、いわば、古い型の人達が、終戦を契機として、（或は、世代の交替によって）、新しい人達にとって変った時期であった。
　近頃は、「世継ぎ」が早い、とこの村の人達はいうが、或は新しい技術（耕耘機、新農薬など）の出現が、それを早めたのかも知れない。
　いずれにしても戦後農業に従事して10年ともなれば、大体、土地条件にも慣れ、技術も円熟したはずである。
　知識や、技術を身につけても、「単なる従事者」では、充分にそれを発揮することは難かしい。
　多くの人は、近年になってそれが可能になったのである。
　また、天候にめぐまれた昭和30年は、新技術を遺感なく発揮出来て大豊作となり、それが将来への明るい見通しと、自信を持たせる結果となった。
　豊作をもたらした理由の一つに、このような「人」の変化を加えることは、根拠のないことでなく、重要な視点であろう。
　生産力の発展は、ほんとうは、生産量と生産性の二面から考察されなければならない。
　しかし、この調査では後者の問題、農家経済にほとんど触れることが出来なかった。
　ただ、農協の預貯金の動向だけを、第21表に掲げておいた。
　単作地帯の当地では、農家の資本蓄積の状況は、そのまま稲作の経済であり、凡そ、それが農協預金にあらわれるであろうと思ったから。

第21表　貯金及び貸付金の動向

(昭和23年～28年)

	23年	24	25	26	27	28
貯　　　金	12,339	15,323	13,985	17,395	15,821	32,300
一組合員当り	39	47	43	54	51	100
貸　付　金	406	1,435	2,822	3,831	6,565	13,945
一組合員当り	1	4	9	12	20	43

(昭和29年～33年)

	29	30	31	32	33
貯　　　金	32,012	38,968	42,780	41,393	48,720
一組合員当り	99	120	132	128	151
貸　付　金	32,559	25,109	26,414	23,802	22,967
一組合員当り	100	77	82	74	71

単位千円、貯金は、農協の普通貯金と定期貯金の合計額。
農業協同組合の資料による。

注　28年の貯金額の激増は、ジェーン台風による、災害復旧に要する資金の借入金を、振替て預金しているためである。

Ⅳ　技術はどう変わったか

1. 品　種

　第22表によって作付品種の変遷をみると、傾向として次のような点が指摘できる。

　熟期別の作付面積は、25年には晩生が41.9％、27年、早生38.5％、29年、中生44.5％、33年には早生が44.1％でそれぞれ最も作付率が高い。(27年の統計は、調査面積が少ないので、必ずしも正確とはいえないが。)

　同じ早生が多いといっても、更に極早生と、普通早生に分けて見ると、27年の極早生は20.7％であるのに対して、33年は、35.8％と極早生の占める割合が大きい。なかでも33年のほうねんわせは、24.7％で、過去に例を見なかった比重を示す。

　過去において、早生が多くなったり、中生が多くなったり、晩生が多くなったりしている事情は、如何なる理由によるものであるか、判然しない。統計に誤まりがないとすれば、或は、経営条件に変化がなかったとするならば、品種そのものの変化（新しい有望な品種の出現、栽培品種の退化など）か、農家の嗜好性によるとしなければなるまい。

第22表　作付品種の変遷

昭和23年頃の重要品種

	昭和
早生	○農林1号
	早生大場
	加賀六
	○愛国
	早生銀坊主
	○山陰27号（農林30号）
	○北陸14号
中生	○農林6号
	塩田
	○山陰17号
	農林10号
	近畿33号
	愛知旭
晩生	○晩稲旭
	千本旭
	エビナ
	○農林23号
	中亀
糯（もち）	晩稲もち
	大正もち
	石白もち
	もち6号

一農家の作付事例

農林1号	7.4反
農林6号	4.2〃
塩田	0.2〃
千本旭	0.4〃
晩稲旭	2.7〃
晩稲もち	1.5〃
計	16.4〃

昭和25年

塾期別	品種別	作付面積	同比率
早生	○農林1号	637.2	20.82
	越南6号	1.8	0.06
	○農林30号	338.6	11.54
	○北陸14号	20.3	0.69
	農林17号	56.3	1.91
	農林24号	35.5	1.21
	尾花沢1号	22.6	0.77
	農林21号	16.8	0.57
	○愛国	9.4	0.32
	北陸41号	1.5	0.05
	小　計	114.0	38.8
中生	○福井銀坊主	42.3	1.44
	農林10号	13.2	0.45
	○農林32号	287.5	9.80
	○山陰17号	95.8	3.26
	越南5号	3.5	0.11
	小　計	561.6	19.1
晩生	山陰47号	1.0	0.03
	千本旭	45.5	1.55
	エビナ	33.4	1.13
	愛知旭	405.9	13.84
	○農林23号	248.6	8.47
	農林31号	70.8	2.41
	豊千本	19.7	0.67
	○晩稲旭	405.9	13.84
	小　計	123.08	41.9
	合　計	2932.4	100

（単位　反）

昭和27年

熟期別	品種別	作付面積	同比率	熟期別	品種別	作付面積	同比率
	○農林1号	284.6	19.43		○農林23号	154.2	10.53
早生	新1号	17.1	1.16	晩生	エビナ	25.3	1.72
	○越南6号	2.0	0.13		○晩稲旭	166.4	11.36
	越南3号	1.0	0.06		岡山千本	15.0	1.02
	農林57号	9.9	0.67		千本旭	28.6	1.95
	秋田1号	2.4	0.16		豊千本	12.2	0.83
	北陸41号	1.0	0.06		農林8号	5.9	0.40
	山陰38号	5.6	0.38		中ガメ	1.0	0.06
	越南4号	2.7	0.18		○農林31号	24.4	1.66
	農林4号	1.0	0.06		農林40号	2.0	0.13
	尾花沢1号	16.0	1.09		農林37号	2.0	0.13
	○愛国	4.0	0.27		山陰47号	0.7	0.04
	○農林30号	158.7	10.84		小　計	437.7	29.8
	農林24号	15.0	1.02				99.49
	農林17号	9.0	0.61		合計	1464.1	100
	農林21号	8.2	0.56	糯	一本糯	2.0	1.81
	○北陸14号	22.1	1.51		石白糯	39.5	35.87
	加賀六	2.0	0.13		関取糯	7.0	7.35
	近畿23号	2.0	0.13		朝鮮糯	1.0	0.90
	小　計	564.3	38.5		羽二重糯	1.5	1.46
中生	○農林32号	176.2	12.03		糯6号	4.0	3.63
	○農林6号	204.2	13.96		清水糯	1.0	0.90
	○山陰17号	28.8	1.96		糯旭	0.7	0.73
	農林10号	2.0	0.13		○大正糯	25.0	22.80
	越南5号	3.0	0.20		晩稲糯	28.4	25.49
	農林22号	3.5	0.24		合　計	110.1	100
	○福井銀坊主	12.1	0.83				
	新体制	1.0	0.06				
	農林38号	2.8	0.82				
	東山38号	0.5	0.03				
	塩田	28.0	1.91				
	小　計	462.1	31.5		（単位　反）		

53

昭和29年

熟期別	品種別	作付面積	同比率
早生	○農林1号	30.4	11.6
早生	○越南6号	10.5	4.1
早生	○新6号	5.7	2.2
早生	○農林30号	12.7	4.9
早生	○北陸14号	2.3	0.8
早生	○愛国	1.2	0.4
早生	その他	12.2	4.7
早生	小　計	75.0	29.0
中生	○福井銀坊主	1.0	0.3
中生	○近畿33号	3.9	1.5
中生	○山陰17号	27.2	10.5
中生	○農林32号	21.6	8.3
中生	農林6号	24.5	9.4
中生	○山陰44号	0.8	0.03
中生	○越南5号	11.3	4.3
中生	その他	24.8	9.5
中生	小　計	115.1	44.5
晩生	○農林23号	30.0	11.6
晩生	○晩稲旭	18.1	7.0
晩生	○千本旭	3.5	1.3
晩生	○豊千本	8.6	3.3
晩生	その他	8.1	3.1
晩生	小　計	68.3	26.2
	合　計	258.4	100

（単位、町）

昭和33年

熟期別	品種別	作付面積	同比率
早生	○ほうねんわせ	72.7	24.7
早生	○めぐみわせ	25.5	8.6
早生	農林1号	6.8	2.3
早生	新6号	0.8	0.02
早生	○農林30号	2.5	0.8
早生	ぎんまさり	5.9	2.0
早生	○北陸14号	0.4	0.01
早生	シロガネ	0.6	0.03
早生	その他	14.1	4.7
早生	小　計	129.3	44.1
中生	○山陰44号	38.2	12.9
中生	○越南5号	18.4	6.2
中生	○近畿33号	25.6	8.6
中生	○山陰17号	2.8	0.9
中生	北陸52号	0.1	―
中生	農林32号	0.4	0.01
中生	○ヤマコガネ	8.3	2.8
中生	その他	11.1	3.7
中生	小　計	104.9	35.7
晩生	○やえほ	43.5	14.8
晩生	○農林23号	9.0	3.1
晩生	農林6号	1.5	0.5
晩生	○千本旭	0.1	―
晩生	○晩稲旭	2.4	0.8
晩生	○豊千本	0.5	0.01
晩生	其の他	2.2	0.7
晩生	小　計	59.2	20.1
	合　計	293.4	100

（単位、町）

注
1）記載面積と総作付面積とは合致しない。
2）もちは、自家用に作られている程度なので、27年を除き省略した。
3）23年は聴取調査による。
4）25年は食糧事務所上中出張所の資料。
5）27年は農業改良普及所の実施したアンケート調査による。
6）29年と33年は、農業基本調査地区別集計表による。
7）○印は当時の奨励品種

　しかし、近年の早生特に極早生品種の作付増加理由ははっきりしている。それは何といっても、ほうねんわせ、めぐみわせのような安定品種の出現であったと思われる。旧来極早生品種の王将であった農林一号は、イモチ病に弱くて、不安定だったからである。

　更に早植栽培の普及によって、極早生でも、中晩稲並或はそれ以上の収量をあげることが可能となった。こうして収量が安定すれば、極早生は台風の被害をまぬがれることが多かったから、作付の増加するのは当然であったのである。また収量ばかりでなく、極早生を増反した方が、秋に楽で、乾燥も良く検査の通りが良いと農家はいう。

　そして、稲のあとの裏作特に夏播甘らんが奨励されていること、今日は無くなったが、早場米の奨励金があったことも、極早生増加の原因として見のがすわけにはいかない。

第3図　福井県に於ける水稲奨励品種の変遷

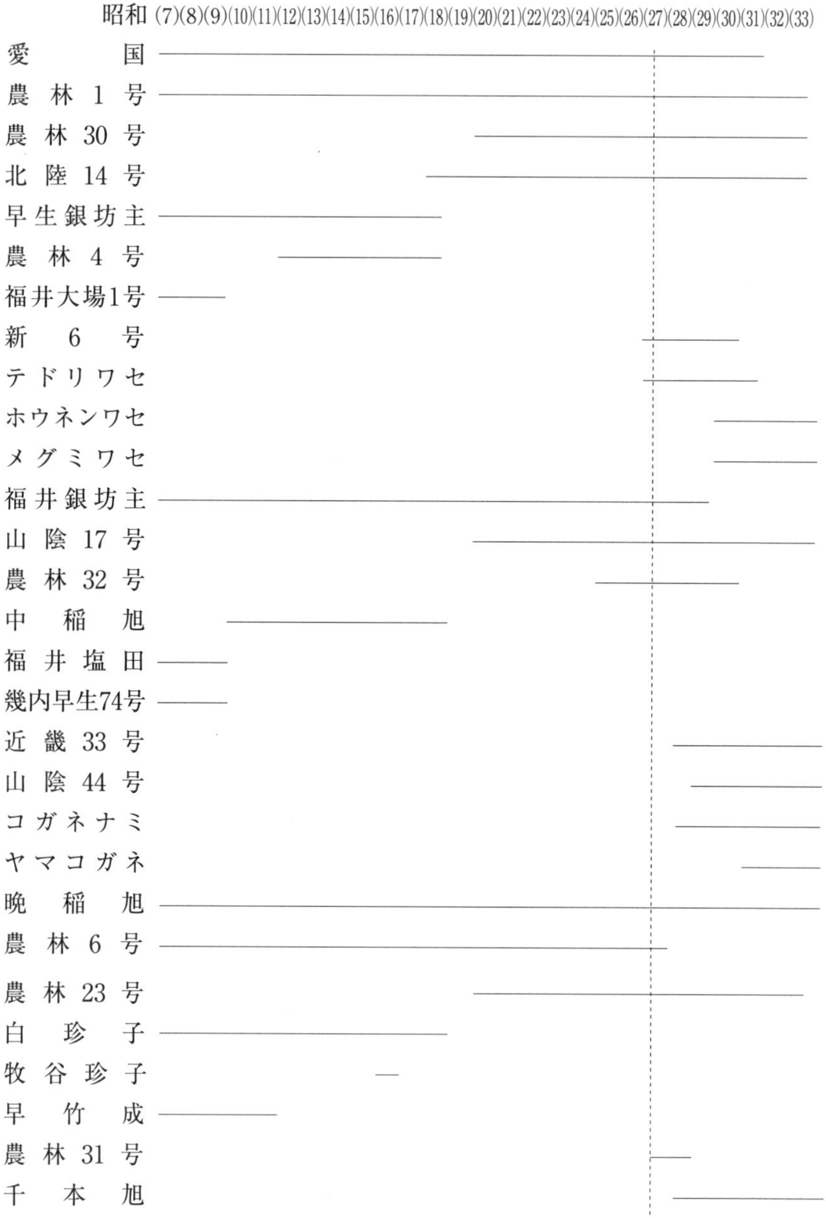

昭和 (7)(8)(9)(10)(11)(12)(13)(14)(15)(16)(17)(18)(19)(20)(21)(22)(23)(24)(25)(26)(27)(28)(29)(30)(31)(32)(33)

愛　　　国
農 林 １ 号
農 林 30 号
北 陸 14 号
早 生 銀 坊 主
農 林 ４ 号
福井大場1号
新 　６ 　号
テドリワセ
ホウネンワセ
メグミワセ
福 井 銀 坊 主
山 陰 17 号
農 林 32 号
中 稲 旭
福 井 塩 田
幾内早生74号
近 畿 33 号
山 陰 44 号
コガネナミ
ヤマコガネ
晩 稲 旭
農 林 ６ 号
農 林 23 号
白 珍 子
牧 谷 珍 子
早 竹 成
農 林 31 号
千 本 旭

	昭和	(7)(8)(9)(10)(11)(12)(13)(14)(15)(16)(17)(18)(19)(20)(21)(22)(23)(24)(25)(26)(27)(28)(29)(30)(31)(32)(33)
豊ヤ大一コ	千ヘ正本トブキ	本ホ糯糯糯

「福井県の農業生産」（尾谷孝一著）より

次に奨励品種への統一傾向がみられる。奨励品種の普及率は、25年、71.1％、27年、84.5％、29年73.1％、33年85.1％となり25年に比べると、奨励品種の作付率は14％上昇しているのである。

奨励品種の普及は、改良普及員や営農指導員による、試験田、展示圃の設置、座談会などによってすすめられたが、具体的には、採種圃によって種子の交換がなされてきた。

採種されてきた品種は、次のようなものであった。

水稲採種圃設置状況

昭和23年 （設置面積） 2町5反	農林1号 農林6号 晩稲　旭	農林30号 農林23号 一　本　糯	北陸14号 福井銀坊主 以上8品種
昭和25年 （設置面積） 2町6反	北陸14号 農林32号 農林23号 晩稲　旭 越南4号	農林30号 福井銀坊主 農林8号 北陸38号 大　正　糯	山陰17号 農林6号 農林31号 豊　千　本 以上14品種

昭和28年 （設置面積） 1町4反	農林1号 農林43号 農林6号 農林23号 越南5号	初稔り 農林32号 農林44号 豊千本 山陰47号	越南6号	銀優　農林30号 近畿33号 農林22号 晩稲旭 以上16品種
昭和32年 （設置面積） 1町3反	ほうねんわせ 山陰17号 農林23号 ヤマコガネ	めぐみわせ ふくみのり 晩稲旭 やえほ		農林30号 こがねなみ 千本旭 ことぶきもち 以上12品種

（野木農業協同組合指導部書類より）

　これによって、凡そ毎年、総作付反別の1/3～1/2程度を更新する計画ですすめられてきたことが分る。（生産された種子を、村外へ出し、また村外から種子を入れる場合があるから、実際どの位更新されてきたかは明らかでない。）

　ここで一寸注意したいことは、農家は、採種圃を「新品種の種どりをする場所」のように考えている場合が少なくないことである。（聴取調査から）。最近は少なくなったが、従来そんな農家が多かった。

　奨励品種普及率の低かった時代（奨励品種が農家の間でめずらしがられた。）にそんな観念が植えつけられたものと思うが、一つは、採種圃に選択する品種にも問題があったようだ。

　即ち25年の農林8号、農林31号、豊千本、越南4号、28年の初稔り、越南6号、銀優、農林43号、農林44号などはこの地方としては新品種で、当時の県奨励品種ではなかった。

　そして必ずしも、充分検討された上で選択されたとは思われない。奨

励品種でなくとも、地域の条件に適した品種であれば良いということも、技術的には成り立つわけだが、それにしても慎重な検討が必要であったと思う。でなければ、農家にリスクを背負わせることになる。

いずれにしても、そういうことが、農家に誤まった考えを持たせる原因をつくったと思われる。

福井県に於ける水稲奨励品種の変遷については、第3図に示したので、第22表とにらみ合せて頂きたい。

もう一つの傾向は、病虫害特にイモチ病に対する低抗性の強い品種に変ってきているという点である。

品種改良そのものがこの方向に進んできたし、奨励品種の決定についても、重視されてきたからではあるが、農家も従来イモチについては特に神経質になっており、品種の導入廃止の最大の動機となっている。

第23表　品種の導入及び廃止の事由　(聴取調査)

事　由	件数	廃止品種の主なもの	導入品種の主なもの
A　イモチに弱い (強い)	44	農林1号、トネワセ	ハツミノリ、テドリワセ
		関東57号、農林6号	ホウネンワセ、越南15号
		農林32号、山陰17号	農林30号、ホマレニシキ
		ギンマサリ、早生銀坊主	尾花沢、農林22号
		農林24号、農林21号	愛国、北陸14号
		農林31号	寿もち
B　収量が低い (高い)	35	殆どの品種	殆どの品種
C　刈取期と労力の関係	8	晩稲旭、豊千本、晩稲もち	農林81号、越南15号、農林30号、ヤヒコ、寿もち
D　倒伏、刈取作業に困難 (易)	8	早生銀坊主、越南5号、農林22号、塩田、農林23号	豊千本、フクミノリ
E　秋落する (しない)	7	農林1号、農林32号	越南5号、農林23号
F　奨励品種から除外された (になった)	3	愛国	ヤエホ、ヤマコガネ
G　熟色が悪い (良い)	3	農林32号	ヤエホ
H　米質が悪い (良い)	4	農林40号	寿もち

I 米の検査がきびしくなった	4	農林32号、ギンマサリ、テドリワセ	ホウネンワセ、フクミノリ
J 裏作跡に良い	3		越南5号
K ワラを加工、又は販売しないようになった為（する為）	6	塩田	塩田、福井銀坊主
L 米作日本一になった品種	3		金南風
M 脱粒し易い	2	豊千本	
N 分けつが少い（多い）	3	山陰17号、農林22号	近畿33号、フクミノリ
O メイ虫に弱い	4	農林1号、北陸14号、農林30号	
P カラバエに弱い（強い）	4	農林23号	ヤエホ
Q 菌核病に弱い	1	農林6号	
R クロカメムシに弱い	1	農林1号	
S ゴマハガレに弱い	2	農林6号	
T 雀害	1	アカツキ	
U 小粒で選別困難	1	農林6号	

注　この件数は重複している。

　導入または廃止された品種としてあがってきたものの中には、技術的に理解し難いものもあるが、そのまま掲げておいた。イモチに次いで、収量、刈取期の労力関係、倒伏、秋落の問題をあげたものが多かったが、年時別にみると、D、F、I、G、L、M、R、などは、近年に多かった。

2．苗　代

　苗代様式は、23、4年頃は、殆ど平床水苗代であった。その後揚床水苗代がぽつぽつ顔を見せ始め、26年頃には、進んだ農家の間で、相当行われるようになっていた。そして更にそれが揚床に薫炭をかける、簡易折衷苗代に発展した。この苗代も、29年頃までには相当行われるようになった。それよりさかのぼって、24、5年頃に、電熱温床苗代を実施した農家が2、3あった。揚床苗代や簡易折衷苗代が、健苗の育成を目的とするものであったのに対して、これは、早植による増収をねらおうと

したので、メイ虫や、クロカメムシの徹底的な被害をこうむり、大失敗をしたようである。

保温折衷苗代は、25年から補助金によって奨励され、わずかながらとり入れられていた。しかし、これも、健苗育成の他に、早植による増収（人によっては、当時すでに、労力配分の合理化にも着目していたようであるが）をねらったので、29年頃までにとり入れた人達は、虫害の被害で殆ど失敗している。（148頁第39表参照、後に詳述）

ところが、第24表には、聴取調査によって知ったそういう事情はあらわれておらず、30年には、坪数は減少しているが、先づ順調な伸びを見せている。（どこの資料を見ても同じ数字になっている）

これらは、一体、如何なることであろうかと思い、関係方面で調査してみたところ、明らかに、補助金政策による統計の誤まりであることが分ったのである。

実際には昭和29年までは、500〜1,000坪程度、（推定）しか実施されておらず、補助金の打切られた、30年以降の数字は正しいが、それまでの統計は、どこの資料を見ても正しくない。

毎年農協には、売残りの油紙があったようだし、（販売職員の話）設置面積は、実面積より多い目に報告していた。（油紙を蔬菜の温床などに使った農家もある。）監督官庁である、地方事務所の係員は、それらを知っていながら、黙認していたと、はっ

第24表　保温折衷苗代設置状況

25年	280坪
26〃	820〃
27〃	810〃
28〃	1,240〃
29〃	3,150〃
30〃	2,550〃
31〃	4,540〃
32〃	7,180〃
33〃	8,690〃

農業改良普及所の資料

きりいっている。

　特に29年には、3,150坪と増加しているが、これは、28年の災害で当該地の復旧が続けられている時であり、個人々々で苗代を設置することは困難であるとの理由から、共同管理による保温折衷苗代を奨励して、補助金を交付することになった。ところが、その趣旨はよかったのであるが、当時はまだ、農家は折衷苗代の効果を認めておらず、共同意識にも欠けていたから、実際には共同苗代は設置されず、補助金だけが、村役場へ流れた。それが関係機関や団体の資料には、設置されていたかのようにして、坪数を増加していたのである。

　昭和30年には、農事研究会員が、こぞって折衷苗代をとり入れたから、この年には、1,500坪程度の増加をみているはずである。（当時の営農指導員の話）

　そしてこの年には、農薬も使用されたし、天候が良かったので、折衷苗代によって、早植したものは、増収効果がはっきり表れたので31年以降着実に伸びる結果となったのである。31、2年頃からは農家は折衷苗代の技術にも慣れ、紙質も改良されて丈夫になってきたので、油紙を年内に2回使用する者が多くなった。

　第24表の30年以降の坪数は、実際に農家に販売した油紙の量から、1本を10坪として割出しているので、2回使用の分を含めた実質の坪数は、もっと多いはずである。

　とにかく、保温折衷苗代の普及は、農薬の一般的な使用に裏づけされながら、研究会の実践力によってなされたもので、補助金政策が奏功したものでなかった。

　折衷苗代によって、良苗が得られ、ある程度の早植が出来るようになると、今度はそれだけに満足せず、33年には、電熱室内育苗と、ビニー

ル畑苗代が、進んだ農家の間でとり入れられるようになった。両者とも、折衷苗代よりも高度な技術を要するが、経済的、労力的には余り変らず、折衷苗代よりは、早期に育苗出来るので、早植が出来、しかも畑状態で育苗されるので、分けつ力が旺盛で初期生育が優る。

33年度の、苗代様式別、本田植付面積は、次の通りとなっている。

平床水苗代	揚床水苗代	簡易折衷苗代	保温折衷苗代 ポリエチレンを含む
800	2,500	9,000	16,000
ビニール畑苗代	電熱室内育苗	総　計 (アール)	農業協同組合 指導部の調査
450	750	29,500	

次に、播種期、播種量の変化について見よう。

保温折衷苗代に変るまでは、4月下旬播きというのが普通であった。それが今日では3月下旬から、4月下旬にかけて下播きされている。この幅は、適令挿秧（おう）の指導と田植の労力配分の関係によって出来た。即ち、それまでは苗代日数は、33日から60日位の幅があったが今日では、32日～40日に幅が縮小されている。旧来は、適令挿秧についての知識に、とぼしかったためでもあろうか、当時は本田の整地作業に入るのが遅く、苗代播種を済ませると整地にかかるという慣習があって、その体系が容易にくずれなかったからでもある。

苗代の播種量も、保温折衷苗代になってから変化した。今日のように、塩水選や芽出しなどは行われていなかったし、水苗代では、ユリミミズ、コエカワ、コロビナエ、ワタグサレなどの発生が絶えなかったから、坪当り4～6合の種を播かざるを得なかった。

厚播になって徒長しても、発芽後の障害が多く、それを防止するすべもなかったので、これはやむをえないものだったと思われる。揚床になり、簡易折衷苗代になっても、なお厚播きが続いたようである。何故ならば、揚床にすると、発芽後の障害は少ないが、それまでに、雀害を受けることが多いからであった。

　保温折衷苗代になってからは、急に薄播きが励行されるようになり、凡そ1合5勺から3合播き程度になった。芽出し、種子消毒などの予措が徹底して、発芽が良くなり、雀害の心配もなくなり、発芽後の障害も激減したからである。

　種籾の消毒は26年から始められた。ワタグサレ病、苗イモチの防除が目的で、ウスプルン1000倍液、メルクロン1000倍液、ホルマリン100倍液などが使用された。

　これらの薬剤は県が無償配布をしたもので、作業の性質上、共同で行われた。以来種籾消毒は有償配布になってからも、毎年共同で行われるようになった。補助政策としては最も効果をあげたものの一つだったと思われる。しかしこれは何よりも、薬剤の効果が極めて顕著であったことと、個々の農家に薬剤を配布すると、量的に不足を来たすことになったし、当時の農薬としては、水銀剤は最も危険なものであったから、共同作業によるより、しかたがなかったとも考えられるのである。

　苗代肥料の変化についてはどうであろうか。

　26、7年頃までは、主な肥料は、下肥と石灰窒素であった。石灰窒素を施用したのは、苗代の土壌害虫ユリミミズなどを防除するためであったが、今日では、硫安、塩安などに変り、施用する農家は殆どいない。これは、ヘプタ剤、ドリン剤等の土壌害虫駆除剤が出来たためと、苗代日数が旧来より短くなって、遅効性の石灰窒素では好ましくなくなった

こと、苗代期が早くなるに従って、石灰窒素の分解が困難になってきたことなどによる。

　尚それまでは、草木灰が多少施用されていた以外には、加里肥料は全く施用されていなかった。塩化加里の施用は、簡易折衷苗代の普及する28、9年以降で、三要素が均衡のとれた形で、一般に施用されるようになるのは保温折衷苗代が一般化する31年以降のようである。現在では、大体、3.3m²当り、塩安187g、過燐酸石灰200g、塩化加里125g程度施用されているようであった。

3. 耕耘整地

　その主な変化は、二段耕犂（牛）、自動耕耘機の導入、省力整地と早期の耕起であった。

　現在では、湿田の耕起は、双用一段耕（牛）であるが、半湿田においては双用二段耕犂を、乾田においては単用二段耕犂を使用しているものが多い。単用二段犂は27年頃から入り、双用二段耕犂はこれよりおくれて、30年頃から入っている。二段耕犂は、終戦直後から製作販売されていたように思うのであるが、それが27年になって、何故急に普及したかは明らかでない。しかし、その一つの動機づけとなったものは、農機具商の宣伝と、改良普及員の指導した深耕に関する知識であったことが察せられる。25、6年頃までは、肥料、農薬、其の他の技術的進歩、変化は今日に比べると少なく、改良普及員の指導は、堆肥の増産とか、深耕とか、薄播による健苗の育成といった一般的、通俗的な知識の宣伝が主であったので、深耕の必要性ということについても、可成りの時日をかけて強調されたようである。

　特に農機具商の宣伝といったのは、今日ではその過半が農協から購入

されているが、当時は殆ど小浜市のF商人から取寄せており、農家の話では、丁度その頃（26、7年）からFは営業を拡大して、サービスするようになったという。

　二段耕耘が導入されるようになってから、少し間をおいて、多くは30、31年頃から、整地作業に変化が起った。

　即ち、この地方では、旧来ヘラギリと称して、耕起後備中鍬を用いて砕土する作業があったがこれが省略されるようになり、また乾田ではこの他に、耕起後犂返しを行なっていたのを、それも廃止されるようになったのである。

牛で代掻き（左）、田植え
福井県立若狭歴史民俗資料館発行『写された若狭―古写真の世界―』より

又、それらの変化と前後して緑肥の踏込み作業がなくなっている。個々の農家、又は土地の条件によって、整地作業には可成りの差異があるが、一つの事例を示すと下記の通りである。

整地作業の現在と過去の状況

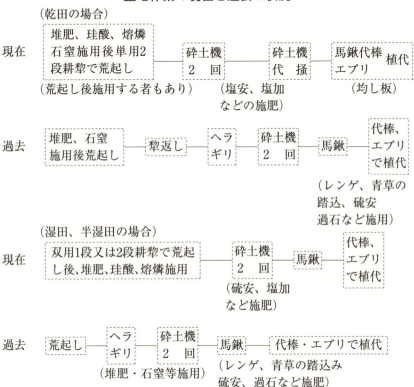

　ヘラギリと犂返しの省略は、2段耕によって、反転、破砕の良くなったことが、直接的な原因であったと思われるが、一般に省力整地は減収を来さない（或は丁ねいな整地は返って悪い）という、農事試験場の成績にもとづく、改良普及員などの指導も、ある程度農家が決断するための

自信を深めたのではないかと思われる。しかし、あとでもふれるが、省力整地に関する限り、具体的積極的な指導は、如何なる「職業的指導者」からもなされた足跡はないのであって、殆ど農家の創意と「むらの内部の指導者」によって一般化されたようである。この点は他の技術浸透の場合と、いささか趣を異にしている。このことは、省力整地の普及は、30年頃からと先に述べたが、聴取調査によって更に詳しく見ると、23、4年頃から凡そ類似の省力整地法を採用している農家が3戸（農家番号の22、25、26）あり、いずれも、省力が減収しないことを、経験によって知ったから、と述べていることによっても、察せられたのである。

　緑肥の踏込作業がなくなったことも、大きな省力となっている。これは足で踏込むので、相当な労力を要するばかりでなく、作土下深く入ることになるので、分解が遅れ、根腐れの原因となる。近年青草やレンゲは、乾燥して堆肥とするか、追肥に敷草として施用されるようになっている。

　省力整地の普及は早植栽培による、春の繁忙化によっても促進されたと思われるが、それでも到底植付期に間に合わないので、以前は4月20日を過ぎないと耕起にかからなかったものが、現在では3月の下旬になると、もう耕起にかかるように変ってきている。

　そのため、従来、3月下旬から4月の初めにかけて山林の管理作業がなされていたのであるがこれが秋の仕事としてまわされるようになった。

　動力耕耘機は、現在27台導入されているのであるが、これを農協の調査で年次別に見ると31年度に2台、32年度に10台、33年度に15台の導入となっており最近急速に増えたものである。29年に導入した農家が1戸あったが、機械の故障多く2ヶ年の使用で廃き処分されている。その導入のしかたを見ると、2～3戸の共同利用もあるが、多くは個人所有で、

牛飼育農家は役牛を売って、その代価を資金にまわしている。

　役牛を持たない人は、賃耕、借牛などによって整地していたが、早植栽培の一般化によって、これらが困難となり、導入のやむなきに至った。と当事者は言っている。

　「農業改良資金」の利用者も多く、27戸中19戸が借り受けている。

　導入した農家は、自家労力の割合に耕作面積の多い人、役牛を飼育しない人が多い。

　一方、耕耘機台数の増加に伴なって、耕耘機による賃耕も33年には、見られるようになってきている。

田植え前の枠回し
福井県上中町『大鳥羽区大鳥羽史』より

4．植付時期、方法

　早植栽培の普及は、保温折衷苗代が安定したかたちでとり入れられるようになってからである。即ち30、31年以降で、それまでにも早く植えていたものがあるが、多くは虫害の発生で失敗した事情は前項に述べた。

　従って植付の時期は、戦後徐々に早まってきたのではなく、30年頃から急速に早くなったのである。それまでは５月25日頃が田植の初期で、６月20日頃まで続けられた。30年ころから早くなり最も早く植えた人は５月10日、31年には５月６日、32年には４月30日、33年には４月26日と、年々初田植は早くなっている。田植の終了時期は、裏作跡の関係で旧来と変りないが、最盛期は、６月10～15日であったものが、５月10～20日となり、大体１ヶ月移行しているのである。このことは、第４図のような雇用労働の変化となってあらわれている。即ち25年に最も雇いの多かった６月が、33年度では全く５月に入れ替っている。ここで、７、８月の雇用が減少しているのは、早植に伴って、中耕除草も早くなり、６月中に行われるようになったためと、除草剤の使用等による労力の軽減によるものである。（なお第４図は、極早稲の増反によって９月の刈取期の雇用が増大し、晩稲の減少によって、11月の雇用が減っていること、旧来ワラ加工のために、冬季に若干の雇用が見られたものが、堆肥の増産ということから、それがなくなったこともあらわしている。）

　こうした早植栽培の普及は、農薬によって可能となり、その増収効果によって一般化された。間接的には、栄養生長期間の延長による、水稲体の質的、量的な充実、根腐れの回避などによって増収するという指導者の指導があったためであり、直接的には、農事研究会員が30年に率先して実行し、成功を納めたからである。尚この技術の実行は、新たな資本を要さず、労力的に容易であるばかりでなく、むしろ労力の配分を合

理化したところに特徴があり、それが普及を早めたものと思われる。

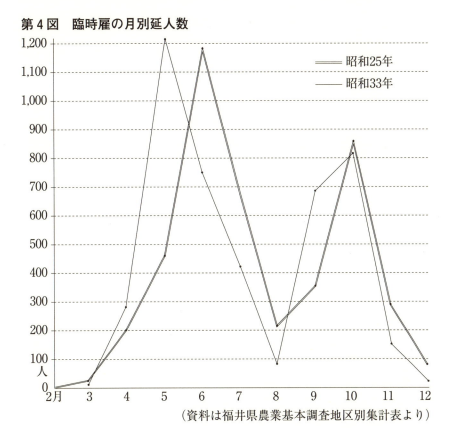

第4図　臨時雇の月別延人数
（資料は福井県農業基本調査地区別集計表より）

　ただこのことを意識して、早植栽培を採用した農家は聴取調査農家中5戸（農家番号の11、12、15、22、28、）に過ぎず、他は増収を目的とするか、只単に近隣にならって早く植えるようになったのであるが、経験を重ねるうちに、労力的に合理的であることが漸次認識されてきたようである。早植は、品種によって多少その効果に差異があり、増収率の高い品種を特に早植し、そうでないものは比較的遅く植えるように適宜勘

案し、ある程度植付期間を延長すれば、田植の手間ばかりでなく、中耕除草や、刈取期の労力配分まで合理化されることを経験によって知った。(この地方で、植付期を10日間早めると、刈取期は3〜4日早くなる。)

次に植付方法の変化を見よう。

栽植密度については、7寸（23cm）×7寸（23cm）又は、7.2寸（23.7cm）×7.2寸（23.7cm）、坪当り株数にして、69.5株〜73.5株位のものが最も広く採用されており、戦後から今日まで、過半の農家は変化がなかった。33戸のうち、変化のあった農家は12戸で、その傾向としては、粗植化、長方形化の方向を示す。

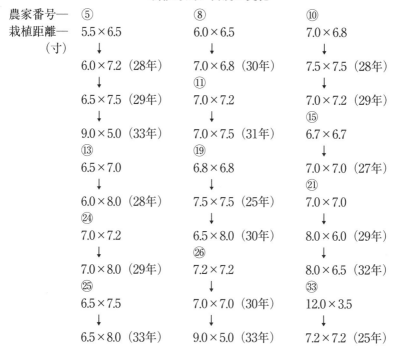

栽植方式、密度の変化

この地方は、旧来、田植框(わく)を使って、框植をしていたところであるが、大抵の人は、一型式の框しか持っておらない（69頁の写真参照）。しかし、近年進んだ農家は、品種や土地条件によって、栽植の型式を変えるようになり、そのために田植框を二つ以上持つようになってきている。

　聴取調査農家のうち⑤、⑧、⑩、⑪、⑮、⑲、㉑、㉕、㉖番がそうで、それらの農家に栽植方法の変化が多かった。この9戸のうち⑤、⑧、⑩、⑲、㉕は、25、6年頃から、二つの田植框を用意していたようである。

　過去において、標準より密植を行なっていた農家、長方形植を採用していた農家、標準植と、それらの植え方を併用していた農家に限ってその後も変化が起こっているのである。肥料が潤沢でなく、秋落対策の講ぜられていなかった当時は、穂重型の品種を長方形で密植した方が増収になったのであり、そのことを知って実行していた農家は、後の条件の変化にも、やはり機敏であったことがあらわれている。

　密植は、植付の労力が大変なので、保温折衷苗代によって、分けつした良苗が得られ、肥料が充分に施用出来るようになれば、粗植になるのは当然であった。又、早植による過繁茂、無効分けつを抑制し、農薬の撒布作業を容易にするためには、長方形化が必要であった。更に粗植、長方形植は、2段耕犂による犂起しを容易にした。（2段耕犂を導入したので、田植框を変えたという農家もある。）

　要するに、栽植密度型式の上掲のような変化は、そんな環境の変化に、機敏な農家の間のみで起ったように考えられるのである。

　一般的傾向としては、粗植・長方形化の方向であったが、33年に至っては、5番、26番のように、密植・並木化しているものもある。これは、地力の限界や、早植に伴なう弊害、農薬撒布の便宜を考えたもので、今後は、この方式が広くとられるようになると思われる。しかし今のとこ

ろ、田植や、刈取の労力関係がその進展を阻んでいるようである。

農家番号の㉝は24年まで、並木植を採用しているが、これは、戦時中の労力不足時代に普及した畜力除草のためであった。畜力除草は、苗の傷みが多かったし、復員によって労力が還元されたので、23、4年頃には、もう殆んど人力除草機に返っていた。

その他の変化としては、29年頃までは、3〜6本程度の太植で、約1寸位の深植であったものが、31年頃以降、2〜3本植、5分位の浅植に変った。4本以上の太植は、穂長に（−）に影響し、深植は分けつをおさえるので職業的な指導者はずい分前から浅植、細植を指導していたのであるが、これは案外に実行されていなかった。

苗が悪ければ太植せざるを得ないし、太植することによって、浅植の理由が、その影にかくれてしまったからである。

この悪循環をたちきったのは、保温折衷苗代の健苗の育成であった。

良苗は必然に細植となり、深植すると、折角分けつした苗が消えてしまうことに気づいて、浅植するようになった。

5．施　肥

古老の話によると、戦前の肥料は、豆カスと過燐酸石灰と石灰で、戦時中は、それらの肥料さえ充分に入らなかったので、反収は、2〜3俵位の時があったという。

聴取調査によって、戦後23年頃の施肥について調べたところ、次のようであった。

第25表　昭和23年頃の肥料

農家番号	肥料の種類と反当施肥量（標準）
1	レンゲ　種粕　鶏フン
2	硫安　下肥　石灰　桐実粕20メ（メ＝貫）
3	硫安3メ　下肥　過燐酸石灰3メ
5	堆肥　硫安　石灰1俵　青草
7	硫安　硝安　石灰窒素　種粕　大豆粕　過燐酸石灰
8	堆肥150メ　硫安　下肥　硫酸加里　過燐酸石灰
9	硫安　桐実粕　青草
10	硫安2メ　種粕2メ　過燐酸石灰4メ
12	硫安4メ　過燐酸石灰2メ　木灰少量
13	石灰窒素6メ　硫安4メ　過燐酸石灰5メ
14	硫安少量　過燐酸石灰少量　桐実粕
15	硫安3メ　過燐酸石灰2メ　石灰
16	硫安　下肥　過燐酸石灰　木灰　レンゲ
19	硫安2メ　石灰窒素少量　過燐酸石灰4メ
20	硫安　石灰窒素　過燐酸石灰　硫酸加里
21	石灰窒素4～5メ　硫安と過燐酸石灰少量　石灰2俵　レンゲ
22	硫安2メ　過燐酸石灰4メ　硫酸加里500匁
23	硫安2～3メ　石灰窒素4メ　過燐酸石灰5メ　硫酸加里500匁～1メ
25	主として石灰を施用
33	硫安　過燐酸石灰　レンゲ

　主な肥料は、硫安、過燐酸石灰、石灰窒素で、この他に、石灰、桐実粕、自給肥料としてレンゲ、青草などが比較的多く施されていたようである。

　石灰窒素は、肥効の持続期間が長いので、浅耕土秋落地帯に多く使われ、また石灰窒素の施用は、ユリミミズ、ネクイハムシ等の土壌害虫防除に有効であるというので、それらの発生の多い湿田地帯の農家は、好んで施用したようである。

桐実粕は、肥料成分量の少ない割合に、高価な肥料であるのにも関らず、近年まで（31年頃まで）1部の農家は購入し、施用していたようであった。（桐実粕の成分は、N 4 %、P 2 %、K 1 %程度で現在の価格は貫当り94円）。これは既往の慣習によるもので、桐油の原料である桐実の生産は、福井県が全国生産の約6割を占め、特に若狭地方がその主産地であったため、原料である桐実と、加工副産物である桐実粕との交換が行われていた。

　加工業者は、桐実粕が秋落土壌に良いとか、ユリミミズの駆除に効果があるとか称して宣伝し、副産物との交換によって、廉く原料を手に入れようとしたのであって、肥料不足の折柄、農家はその策に乗ぜられたのである。筆者等の実施した現地試験においては、桐実粕のそのような肥料的、農薬的効果は格別に認められなかった。

　今日では、桐油の需要が減退し、当時の桐樹は放任されたまま、桐実の採取は行われず、肥料として桐実粕を購入する農家も殆ど見当らない。

　生石灰、消石灰、炭酸石灰等の石灰類は、戦時中から25、6年頃までにかけて、特に多用されたようである。これは窒素肥料の不足を、石灰施用による地力窒素の発現によって補なおうとするものであったと考えられる。そのことは、追肥に石灰を施用する農家の多かったことから知られるのである。

　27、8年頃から石灰を施用する農家は次第に減っており、珪酸石灰の急増した昭和31年には、施用する農家が無くなっている。

　石灰の多施用は、レンゲや青草の増施と関連していた。当時の肥料事情では、自給肥料の増産が最も肝要なことで、関係機関、団体も、特にその指導には力を注いだので、レンゲの播付が増加し、青草の刈取が励行された。代掻前に踏みこまれたレンゲや青草を、なるべく早く分解させることは、肥効を早め、根腐れを防ぐために大切なことなので、その

目的のためにも石灰が施用されたに違いない。

　これらの緑肥の施用も、28、9年を頂点として、急激に減少していった。それは、化学肥料の潤沢な供給によって、その必要が少なくなったばかりでなく、特にレンゲのようなリグニン含量の少ない有機物は、地力の増進に役立たず、返って他の無機塩類を流亡せしめて、秋落を助長するような場合があること、根腐れや倒伏の原因となる危険性が多いことなどが分ってきたからである。そんなことから、現在では、レンゲや青草は、刈取っても、和牛の飼料として与え、肥料としては殆んど施用しないようになっている。

　昭和25年の7月までは、肥料は統制されており、配給公団によって、各町村に割当分配されていたが、一般に当時はまだ加里肥料に関する認識に乏しく、配給を辞退するか、受取っても水稲に施用せず、麦、菜種等の肥料にまわす農家が多かった。そのわけを当の農家は、「加里を施すと、稲草（茎葉）が固くなるので、それを嫌った」と言っている。凡そ当時のように、肥料特に窒素に恵まれなかった時代においては、茎葉は多少軟弱でも、長大で窒素肥効の著しいものほど増収になっていたのであり、加里を施用することによって、稲の葉色が比較的薄く見え、茎葉が健固になることが、農家にとっては、収量が減ずるかのように思えたのであろう。尚その頃は、炭俵、草履などのワラ加工が各地とも盛んに行われ、その生産を冬季の副業にする者が多く、また自分では生産しなくとも、加工用として業者にワラを販売したので、茎葉の固い稲ワラが好まれなかったからである。

　第26表は、24年以降の化学肥料の消費状況であるが、26、27年頃までは、むしろ減少の傾向を示しているが30年頃から急激に増加している。

　しかし25年頃においても、1部の進んだ農家は、既に加里の肥効を認

めていたようで、そのことが次の文書によって推察される。

昭和25年5月31日

野木村農業協同組合　印

各農家組合長　殿

肥料の配給に関する件通知

　標記の件硫酸加里が入荷致しましたので、6月3日午前中に配給致しますから受領下さる様お願い致します。

　硫酸加里を断って居られる部落もありますが、其の半面に於て個人の方より申込みがあったりして困る場合が多いので、田植時期にてお疲れの処を誠に申兼ねますが、再調査下されて、引取るか引取らないかの報告を、6月4日までにお願い致します。

第26表　年次別化学肥料の消費量

年次＼種類	硫安	尿素	塩安	石灰窒素	熔成燐肥
24	15,770〆	—〆	—〆	3,339〆	—〆
25	14,310	—	—	5,463	—
26	13,395	—	—	4,515	658
27	12,410	446	—	5,448	992
28	4,610	392	1,400	4,452	424
29	10,880	—	2,128	7,656	1,368
30	10,390	1,092	2,144	8,292	3,072
31	10,050	1,899	4,608	9,276	6,384
32	8,590	2,237	10,384	7,560	7,976
33	7,190	2,254	17,544	2,378	10,176

つづき

	過燐酸石灰	塩化加里	硫酸加里	複合肥料	珪酸肥料
24	5,570〆	—〆	4,034〆	—〆	—
25	9,804	—	3,963	—	—
26	7,231	950	115	959	—
27	9,460	1,230	—	1,944	—
28	5,660	3,880	—	2,384	—
29	6,910	5,500	—	5,968	4,000
30	5,760	6,270	—	8,552	5,392
31	4,460	8,070	—	7,728	38,568
32	5,280	10,420	—	9,336	56,409
33	6,110	12,620	—	16,128	79,208

昭和24・5年は、農業協同組合保存の肥料配給台帳より
昭和26年は、福井県農林水産夏季基本調査地区別集計表より
昭和27年以降は、農業協同組合の資料による。

注　この資料は、稲作だけの消費量を示すものでない。しかし稲作以外の作物に施用された分は極めて僅少であると思われること。業者から直接に購入をされる分も幾らかはあり、それが含まれていないことなどから大体稲作の消費量を示すものと見て良いであろう。

　化学肥料のなかで、硫安の減少は、硫酸根肥料が秋落土壌に良くないという知識の普及によるものである。それに代ったものは、無硫酸根肥料の塩安と、尿素で、特に31年から著しい増加を示した。石灰窒素も同じ意味で増える傾向にあったが、33年には急減した。これは、石灰窒素の生産事情が悪化して、値段が高騰したこと、窒素肥料の多用によって、全般的に無効分けつが過剰傾向となり、早期の倒伏が多く見られるようになって、石灰窒素の如き遅効性の肥料は、これらの傾向を助長する結

果となるので、その他肥料への転換が必要になったからである。

この急激な転換は、改良普及員と農協の提携によって実施した、肥料予約注文前の、全戸通信指導によってもたらされたものであり、その詳細については、次節に述べる。

燐酸肥料としては、過燐酸石灰が停滞乃至は減退しているのに対して、熔成燐肥は順調な伸びを見せている。熔成燐肥は、無硫酸根肥料で、苦土、珪酸等の微量要素を含有しているという点にも魅力があったであろう。

昭和26年の過燐酸石灰の減少は、当時農事試験場では、湿田には燐酸質肥料の肥効が現われ難いことを発表したので、改良普及員もそれにならって指導した。普及員は、燐酸肥料の不必要を説いたとは考えられないのであるが、(恐らく湿田状態における土壌中燐酸の型態等について説明したのであろう)それが誤解されて、26年には、燐酸肥料を全く施用しない農家もあったということで、これが26年の数字に表われているのである。(以上聴取調査より)

過燐酸石灰の27年以降の減少は、無硫酸根肥料である熔成燐肥に代ったためであり、32年から再び上昇するのは、早植栽培の普及によってある程度水溶性燐酸の施用が必要になったためである。(熔燐の如き枸溶性燐酸肥料は、低温時においては、肥効がやや劣る)

複合肥料の主なものはリンアンカリ、ホスカアン、組合化成、県配合肥料などで、これらはいずれも単肥に比較して価格は割高であるが、26年以降年々増加している。これは配合労力、施用労力の節約ということもあるが、割合に成分濃度が薄く、三要素の均衡が保たれていて、施用の失敗が少ないことも原因となっているようである。

第26表にみるような肥料の著しい増投傾向は、28、9年以降の肥料供

給事情の好転と、何よりも後述する農薬使用の増加に負われているのであるが、珪酸肥料の出来たことも又、増投に拍車をかけた。肥料特に窒素の増投は、茎葉を軟弱に繁茂させる結果となり、メイ虫、イモチ、菌核病等の多発を必然的にするので、これを防ぎ得る技術のない間は不可能であるが、農薬と共に珪酸石灰がそれを可能にした最も重要なものであることは疑いない。この地域の水田の大部分は、北川の流域で、潅漑水中の珪酸含量が低く、土壌も含有量に乏しい。従って珪酸石灰等の施用による水稲の珪酸吸収自体が収量の増加に大きく影響したであろう。が、それにも増して、珪酸によるイモチ病等の病害虫抵抗性の付与、稈の強固化による倒伏防止効果などが、窒素肥料の増投を可能にすることによって更に増収をもたらしたと考えられるのである。

炭素同化を助長するといわれる、加里肥料の増施も又、同様の意味で、窒素肥料の増加を可能にしたと思われる。

第27表　水稲の反当投下化学肥料の推移（野木）

	23年		27年		30年		33年	
	成分量	比率	成分量	比率	成分量	比率	成分量	比率
N	790	100	810	115	1,410	178	2,331	296
P	500	100	514	102	654	131	1,105	221
K	210	100	226	107	1,120	533	2,100	1,000

　　　　　　　　　　　農業改良普及所資料　普及計画のための実態調査より

第27表にみるように、加里の反当施肥量（単位匁）に至っては、10ヶ年の間に、実に10倍に達しているのである。窒素が凡そ3倍、燐酸が2倍強に増えているが、いずれも30年以降において急増していることは注

目してよいであろう。聴取調査対象農家の施肥現況は第28表のようで施肥量は水田の条件によってかなり異ってくるものであるが、収量、増収率の高い農家に施肥量の多い傾向が若干ではあるが見られるのである。

要するに、戦後における施肥の変ぼうの中で、その最も重要なものは、施肥量の増大であったとして差仕えないであろう。

尤も質的な変化もあったわけで、以上に述べた無硫酸根肥料や珪酸肥料の登場の他、施肥法にもいくつかの進歩があった。

今、施肥法の変化について、聴取調査から主なものを拾ってみると、

（1）全層施肥

昭和26、7年頃までは、窒素肥料（主に硫安）は、植代掻の時に、湛水状態のまま、表層に施肥していた。こんな表層施肥は、脱窒の多いことが前から言われており、改めるように指導されてきたが、

第28表　反当投下購入肥料成分量

(昭和33年)

農家番号	N	P	K
1	2,000	1,000	3,230
2	2,750	760	2,900
3	1,880	1,100	1,500
4	2,050	960	2,000
5	2,560	1,200	2,600
6	1,760	920	2,280
7	2,100	879	2,000
8	2,300	640	1,800
9	1,560	1,140	2,900
10	2,920	1,980	3,200
11	3,380	2,360	3,340
12	2,700	1,200	3,000
13	2,000	760	2,610
14	1,500	760	2,900
15	2,360	640	2,380
16	2,550	1,100	2,800
17	2,000	1,090	2,320
18	2,455	1,130	2,630
19	2,200	1,000	2,100
20	2,210	1,080	1,720
21	2,100	1,600	1,900
22	3,535	1,470	3,480
23	2,200	900	2,000
24	2,000	1,000	2,300
25	2,380	1,300	2,400
26	2,680	1,140	2,900
27	2,330	1,680	2,400
28	2,250	950	2,900
29	2,330	1,110	2,100
30	2,460	1,650	2,790
31	2,730	900	1,900
32	2,000	1,000	1,800
33	1,900	1,200	1,900

最も標準的な施肥量(単位匁)の聴取から計算

浅水にして、細土前に施用する全層施肥法の実際採用されたのは、昭和28、9年頃からである。

それまでは、指導者が口をすっぱくして説明してまわっても、実行する人はわずかであったようだ。（27年に実行していた農家は、33戸中1戸だけだった。）

この原因は、27、8年頃までは、未だ施肥の絶対量が少なく、これを全層に深肥とした場合には、初期の肥効が遅れて初期生育が悪くなるためであった。ある程度施肥量を増さなければ、その効果は劣るもののようで、その前提条件に欠けていたところに、指導の成功しなかった理由があったのである。

下記のように、施肥量の増大した、32年度においては、殆どの農家が実行している。

年　　次	27	28	29	30	31	32	33
全層施肥を実施した農家	1	5	11	16	19	27	29

32、3年になって、早植栽培が全般に普及するようになると、施肥の考え方が多少変ってきている。窒素肥料の場合においても、低温時に施肥することになるので、全層に全量を施用するよりも、一部を表層施肥にした方が、初期生育が優る。そのために、33年度には、表層、全層の併用施肥を採用した農家がかなり出てきている。

(2) 過燐酸石灰の元肥全量施用

過燐酸石灰の、全量を元肥に施用するようになったのは、27、8年頃からで、それまでは、全量を追肥に施すもの、元肥と追肥に半量ずつ施すもの、いろいろあったようだ。理論上、又は実験上元肥に施用した方が効果の優ることは明確であり、指導者もそのように指導してきたが、

その習慣の改まるのに、案外時日を要している。あまり効果のはっきりしないものであることにもよるが、農家は、「窒素で葉を作り、燐酸で実を作る」と、単純に考えていたようで、実を作る肥料なら追肥で良いはずだ、という百姓的判断から、なかなかぬけきれなかったもののようである。

（3）穂肥の施用

幼穂形成期における窒素施用、いわゆる穂肥の研究はそう新しくないが、この技術が実用的、効果的にこの村で採用されるようになったのは、31、2年以降のようである。一部の農家は、29年頃から、改良普及員などの指導によって施用していたようだが、時期や量を誤まったり、窒素の肥効が持続している水稲に施したりして、失敗した者が少なくなかったようである。

それは、元肥、追肥、穂肥と、一貫した施肥指導がなされていなかったためである。凡そ穂肥は、幼穂の分化前に肥落ちした稲でないと、効果がないといわれるのであるが、旧来の慣習では、農家は出穂の30～40日前まで追肥を続けており、その上に穂肥が施用されることとなったから、失敗はむしろ当然であった。その失敗を眺めている多くの農家が、それを真似ようとしなかったのは、当然というより賢明であったのである。

そんな事情を指導者は知らないで指導したのではなく、農家の受けとり方や、そこまで徹底して指導の出来なかったことに問題があったのである。

穂肥の技術は、次項で述べる元肥重点主義、早期追肥の施用が一般化するに至って、自ずから効果的に採用されるところとなった。

しかし、穂肥の理論そのものについては、農民の理解は早かったし、

その理解があったればこそ、「穂肥を効果的にするために」ということで、元肥重点、早期追肥の技術を、案外に早く普及することが出来たのである。

穂肥の理解の早かったのには理由がある。もともとこの村には、ハサミ肥といって、出穂の30〜40日前に、生ワラ、干草、堆厩肥などを株間に敷く習慣があり、それが稔実に好結果を与えているので、その効果を説明すれば、穂肥の原理を理解させるに充分であったからである。又、無意識のうちに、穂肥の効果を経験している農家もあった。

例えば、農家番号の21番は、28年の8月上旬頃、硫安が余っていて、始末をつけようと、中稲のある種の稲に、1畝（約1アール）ばかりのところに、少量施用した。肥料を捨てるつもりでやったところ、その部分だけ秋の稔りがよくて、びっくりし、後程改良普及員に聞いてみたら、それが穂肥だと教えられた、というのである。

同じような例が、この他に2件あったことから判断して、そんな経験が、農家の理解を早めたに違いないと思われるのである。

(4) 元肥重点主義と、早期の追肥、中肥の廃止

元肥重点、早期の追肥、穂肥の施用という一連の技術は、早期栽培の普及によって必然となったもので、31、2年から、33年度においては、かなりの農家に普及した。（聴取調査では、33戸中の全戸が、それらの技術について、ある程度の理解を持っていた。）

早期に分けつを確保して、穂数の増大を計ることが、早植栽培の一つの重要なねらいで、そのためには元肥を多くし、追肥も早目に施用しなければならない。そのことは、次節で述べるように、改良普及員や営農指導員の指導によって徹底したが、中肥の廃止乃至は、減量施肥技術については、農家自らの経験に負うところも少なくないようであった。早

植栽培による栄養生長期間の延長と、肥料の増投は、技術を誤まると、過繁茂、倒伏、秋落を助長する結果となり、32、3年においては、その失敗を経験した農家が少なくなかったのである。その失敗の原因が、最高分けつ期頃の、いわゆる中肥にあったことは、指導者の指導によらなくとも、賢明な農家は察知していたのである。只この技術は、理屈では分っていながら、なかなか実行の出来にくいものであったようだ。そのことを、多くの農家はこう言っている。「中肥を多くやると、秋に悪いことは分っていても、他の人の稲と比較すると、自分の稲の草出来が劣っているように見えたり、近所の人が、肥料を施しているのをみると、いたたまれなくなり、つい、肥料を施してしまう。そして、あとで、悪かったかな、と反省する時は既に遅く、稲は出来過ぎになっている。」と。こうした農民の青田競争心理も影響して、現在なお指導啓蒙を要する技術として残されている。しかし、傾向として、元肥と追肥の割合は、半々乃至は過半の追肥から、過半の元肥主義へ、出穂30日前頃まで続けられた追肥が、出穂40日前頃までに打きられるというように、遂次移行している。なお元肥主義は、地力の維持が一つの前提となると考えられるが、23、4年頃から強調され、実施されてきた客土、堆肥の増産が、この技術を安定させた一つの要件となったであろう。

（5）客土（特に肥鉄土）、堆肥の増施

老朽化秋落土壌の原因が究明せられ、その改良対策として、含鉄資材の客入が指導され始めた21、2年頃は、塩入博士の推奨によって、ボーキサイド滓が使われ、当時凡そ10,000メ程度施用されたようである。（村農会の資料による）ところが其の後福井県農事試験場の入交正豊氏は、大飯郡本郷村の犬見鉱山から産する蛇紋岩風化土が、その資材として好適であることを発見され、肥鉄土と命名された。以来この肥鉄土は、近

県の各地に貨車で輸送されたが、野木村の場合は、この鉱山とは地理的に近く(貨車で35分)、農事試験場でも、県下の代表的な秋落地として濃密的に指導したので、最も早く、23年から搬入していた。農家の話では、「肥鉄土を客入すると、初期生育は幾分悪かったが、秋落の防止効果は目に見えて分った」ということであり、後には耕土培養法による補助金もついたので、毎年客入量が増え、昭和29年までに、70町歩にわたって、凡そ700トンが客入された。(旧野木村役場の資料から推定)農家のいう通り事実当時としては、これほど効果のはっきりした実行可能な技術はなかったので、何よりもそのこと自体が、急速な普及の原因であったと思われる(第29表参照)

第29表　野木村に於ける秋落防止に関する試験成績 (県農試現地試験)

区　別	昭和25年	昭和26年	昭和27年	昭和28年	平　均	指　数
無処理区	2,197	1,833	1,637	1,551	1,802	100
肥鉄土耕土客土	2,599	2,174	1,834	1,830	2,109	117
肥鉄土鋤床客土	2,525	2,288	1,854	1,948	2,154	120
赤土耕土客土	2,596	2,206	2,005	1,839	2,162	120
赤土鋤床客土	2,640	2,271	2,060	2,036	2,252	125
無硫酸根肥料	2,568	2,185	1,898	1,777	2,107	117

県農試資料

これは野木村のうち主として、武生、玉置、兼田、上ノ木の4部落で、地帯的には限られているが、28年頃までの技術改善の実績としては、他に比すべきものがない。これは、前述の無硫酸根肥料の施用と相まっていっそう効果をあげることになる。

肥料を施して分けつ期の生育を良くすればする程、秋落が甚だしくなるというこの地帯で、それが防止されたことは、農家に自信を与え30年

頃以降の肥料増投の一つのきっかけともなったであろう。

（6）肥料の計量と施肥設計

　昭和29年頃までは、肥料を正確に秤で計って施用する農家は殆どいなかった。経験によっていわゆる目分量で施していたのであり、秤を用いるようになったのは、30年になって、農事研究会の技術研究活動が活溌になってから以降である。また水田の一筆毎の面積さえ、正確にはつかめていなかったようで、従ってその頃までの反当施肥量といっても、実はあいまいなものでしかなかった。研究会はこの問題をとりあげて測量による面積の再確認を実施している。これは、かくれた技術の変貌といわざるを得ないが、実に重大な変化だったと思う。この面積の確認と、肥料の計量が、施肥設計へと発展した。土質や、品種に適応した、団地毎の計画的な施肥設計ということは、施肥改善の基礎であるばかりでなく、自主的、計画的な農民の育成という指導者の立場から考えても、その最も手近で重要なことであったはずである。ところが聴取調査の結果では、ある程度科学的な方法で、施肥設計を樹てられる農家は、31年においては1戸、32年では5戸、33年になっても14戸で調査戸数の半分に満たなかった。その普及は、品種の導入や、新肥料、農薬等の場合と比べると、一歩後退している。

　そんな根本的なことが、他の技術の進歩より立遅れ、今日なお徹底されていない。そのへんに過去の農業技術の進歩、発展のしかたに問題はありはしないか、また指導者として反省すべき点はありはしないか、ということを考えて見る必要があるように思う。

6．中耕除草と水のかけひき

　中耕除草では、その時期が早くなり、省力除草が行われるようになっ

た。

　中耕除草の時期は、昭和25、6年までは、植付後20〜30日目頃から始められ、8月の中、下旬頃まで続けられていた。27年頃になると、幼穂形成期以降の除草は、断根によって、幼穂の発育に悪影響があるという知識が、ぽつぽつ普及したので、止草の時期は、次第に早くなり、30年頃には、幼穂形成期以降の除草はまれにしか見られぬようになった。

　田植後の除草開始時期が早くなるのは、それからあとのことで、早期栽培が普及し始めてからである。肥料の分解を早めて、初期生育を促進するためには、田植後10〜15日目に除草を開始することが必要で、この技術は33年度には、大抵の農家に普及した。

　止草の時期も、早植栽培という立場から再考されて、（栄養生長期間の延長は、無効分けつの過剰となり、除草の遅延はそれを一層助長する）、幼穂形成期前よりも更に早く、最高分けつの期までに、除草を終るようになってきている。そんなことから、33年には、7月中旬になって除草をしている農家は珍しいくらいになったのである。

　凡そ一ヶ月ばかり早くなったわけだが、そうなると、労力的に無理な場合も生じてくるので、そこに、省力除草の作業形態が生れることになった。

　即ち、次のような変化となってあらわれた。

過去—除草器　　1〜2回　　手取除草　2〜3回
現在—除草器　　2回　　　　手取除草　　1回　　除草剤　1回

　この省力除草を可能にし、促進したのは、次の諸点であったと思われる。

　1．雑草の幼少な早期に除草器（手押し）を入れることによって、手取除草の必要性が減少した。

2．有機燐製剤の撒布が、手取除草を危険な作業とした。

3．次に説明する中干の実施が、労力的に手取除草による止草を困難なものとした。

この省力除草は、労力の節減になったばかりでなく、栽培理論に合致したものであったから、増収にプラスしたことはいうまでもない。

しかし、この方式はまだ、全農家にとって定着した作業形態となっているわけではない。除草剤についてみると、使用している農家は33戸中13戸であった。（除草剤の普及については、後述する）

次に水管理については、中干の実施、浅水管理、落水期の遅延というような変化が主なものであった。

生育途上における田面の乾燥は、旧来土用干しという名で、一部に実施されていた。しかし、旧来のそれは、その方法も不充分であったし、植付期や、品種の特性に関らず、一律に7月の20日頃から乾燥された。凡そ、有効分けつの終止期から、10日間程にわたって乾燥する今日の中干しは、早期除草と時を同じくして、一般に実施されるようになったのである。早期除草技術と頃を同じくしたのは、田面を一旦乾燥すると除草が困難になるからである。

旧来の土用干しは、乾田内至半湿田に限って実施されて最も肝要な湿田において実施されていなかった。これが、溝切り（株上げ）されて湿田でも実施されるようになったのは、32、3年からで、排水溝を作るのに、相当な労力を要するのに関らず、広く普及したのは、やはり、増収効果が大きかったからであろう。（刈取作業が容易になるということもある。）

浅水管理も、早くから指導されてきた技術であるが、土が固くなり、除草が困難になるという点が農家に受けられず、27、8年頃までは、あ

まり実施されていなかった。それが、除草剤の普及、早期除草の一般化によって、広く実施されるようになった。

　乾田における、落水期の遅延（穂揃後20日目頃までの湛水又は走り水）は、改良普及員等の指導によって、29年頃からである。それまでは、知識の欠如により、単に刈取作業に容易であるということから、早期に落水していたようであった。

7．病虫害防除

　前節で見たように、最も被害の甚だしかった病害はイモチ病で、セレサン石灰の登場するまでは、これといった、防除の決め手はなかった。

　昭和25年には、セレサンが出来て、一部の農家はこれを使用したが、薬害等の関係で、一般には普及しなかった。

　水銀剤が、進んだ農家の間で使用されるようになったのは、セレサン

第30表　主要農薬の消費量

種類 年次	BHC 3％粉剤	有機燐 製剤(粉)	有機燐 製剤(乳)	マラソン	モンゼット	水銀製剤	除草剤
	袋	袋	本	袋	反	袋	反
25	…	—	—	—	—	—	1
26	…	—	—	—	—	—	50
27	126	10	—	—	—	—	…
28	281	201	—	—	—	332	…
29	369	375	—	—	—	514	115
30	1,261	1,062	—	—	—	388	…
31	805	2,020	—	—	—	474	…
32	1,078	4,263	—	—	—	1,355	144
33	2,224	5,585	356	628	1,018	2,091	264

　モンゼットと除草剤は使用面積
　数字は農業協同組合の取扱量で、資料は、購売元帳による。

石灰として出廻るようになった28年からである。

これは極めて顕著な効果があったが、それでも、広く使用されるようになったのは、昭和32年からである。（第30表参照）

他の農薬が、30年から急増しているのに、水銀剤が増していないのは、30年は好天候によって、イモチ病の発生が少なかったこと、31年までは、穂首イモチ病に関する認識が一般になくてイモチの防除といっても、葉イモチに限られていたことが、その理由としてあげられる。

水銀剤にしても、有機燐製剤等にしても、効果が極めて顕著であったにも関らず、普及に時日を要しているのは、いろいろな原因があろうが、その一つは、これらの農薬の生産供給事情と、価格に関係があったと思われる。

例えば、セレサン石灰は、29年当時3kg当り280円であったものが、現在では160円に値下りし、ホリドールは400円から、300円に下っている。

多くの農薬は30年頃から漸次値下りし、それと比例的に農家の消費は伸びる傾向を示した。

ところで、セレサン石灰の出るまでは、どんな方法でイモチの防除がなされていたのであろうか。

古い人達の話しでは、23、4年頃まで、神仏のお札（お守り）を田の中にたてて、礼拝する人もあったというから、推して知るべしで、殆ど自然の成行きにまかせていた。

役場の技術員などは、根切り（断根）、朝露払い（竹竿で、朝はやくつゆを落す）などを指導していたようだが、殆ど実行する人達はなかった。前者は窒素の吸収を阻害しようとするものであり、後者は胞子の発育条件を阻害しようとするものと考えられるが、たとえそれらの技術が効果のある技術であったとしても、実際上労力的に不可能なことであった。

25年から27年頃にかけては、展着剤加用の6斗式石灰倍量ボルドウ液、銅製剤一号、二号の撒布が奨励されているが、いずれも、撒布する人は極めて少なかった。銅剤は予防的な効果しかなく、しかも、1回や2回の散布では効果が少なかったためと思われる。

　また、当時は動力防除機がなく、労力的にも無理であった。

　次に二化メイ虫については、戦時中に強制的配給になった、石油ランプ誘蛾灯をその後も引続き使用していた。しかし、あまり効果なく、石油の配給もなくなったので、24、5年頃までには、点灯する者はいなくなった。それに代って一部に登場したものは蛍光誘蛾灯であったが、これも26年度で廃止されている。

　その他、採卵や葉の鞘変色茎のぬき取りなども行われたこともあったが、労力のある極く一部の人に限られていた。

　もっとも、メイ虫に関しては、イモチに対する程農家も真剣でなく、「ワラ虫がついたら、ねて待て」などと言って、それを喜ぶものさえいた。それは、メイ虫の発生は、概して好天候の年に多く、メイ虫の被害があっても、尚増収することが普通であったからである。

　当時は秋落田防止対策が未だ確立されておらず、穂肥などの技術もなかったから、分けつが多くても、それ程増収にならなかった。従って、メイ虫による分けつの減少も、それ程苦にならなかったこともその原因であったろう。

　田植期が早やまると共に、一化期メイ虫の発生時期との関係で、被害も多くなってきたが、有機燐製剤の一般的な普及によって、殆ど完全に防止し得るまでになった。さきにみた第19表の被害面積と減収量でみた、33年度のメイ虫被害減収量14石という数字は、正にそのあらわれに他ならないのである。（31年においてはまだ不充分であるが、32年度では、既に

完全に近い防除がなされている。(第31表))

　この地帯は、昔からイネクロカメムシの多発地帯で、メイ虫に次ぐ害虫になっているが、この防除も、有機燐製剤の出現するまでは、確実な防除法がなかった。

　役場の助成金によって、早植による「誘致犠性田」を設けたり、成虫や卵の採取をしたこともあったが、長続きはしなかった。

　薬剤ではタバコ粉を使用する者があったが、薬剤費がかさむばかりで効果は少なかったといわれる。

　また、24年頃から、BHCを散布する者もいたが、(進んだ一部の農家)当時は0.5～1％の粉剤で、濃度が薄く、散布する時期も遅かったようで、これも効果はなかった。

　其の他の害虫としては、イナゴがあげられる。

　これも、葉を蚕食する大害虫で、成虫の採取や、小学校児童の動員による採卵などが行われていたが、27、8年から、BHC、ホリドールが使用し始めるや、いつの間にか姿を消し、29年頃には全く根絶してしまった。今日、小学校の児童などは、イナゴの名前さえ知らない。

　ウンカ、イネカラバエの如き、従来全く手のつけようのなかった害虫も、ホリドール、マラソン剤の出現によって一挙に解決された。

　旧来から発生していても、病害とは気がつかず、生理的な葉の枯死現象として、なおざりにされていたものも少なくない。その主なものは、モンガレ病、小粒菌核病、白葉枯病、根腐れ病である。

　モンガレ、小粒菌核、白葉枯病とも、早植と肥料の増投によって、近年特にその発生が多くなったが、モンガレはモンゼットにより、小粒菌核は水銀剤により防除出来るので、問題はなくなった。

　只、小粒菌核病は、発生時に病班が判然しない関係か、現在なお防除

第31表　二化メイ虫一化期の防除実績

(昭和31年)

項目＼部落別	稲作付面積反	防除面積※	防除率	使用薬剤量 パラチオン剤	BHC 3 %
杉　山	365.6	300.0	82	216	96
堤	671.5	400.0	60	310	80
上兼田	100.9	50.0	50	36	7
下兼田	241.2	100.0	41	80	16
武　生	197.2	100.0	51	80	40
玉　置	497.6	300.0	60	310	264
上野木	375.5	100.0	27	34	64
中野木	133.6	80.0	60	27	35
下野木	383.9	200.0	52	8	100
計	2,967.0	1,630.0	54	1,101	702

(昭和32年)

項目＼部落別	水稲作付面積	防除実面積	使用薬剤量 パラチオン	EPN	BHC	防除率
	反	反	袋	袋	袋	%
杉山	366.5	425	310	73	42	116.0
堤	679.9	802	446	174	215	118.3
上兼田	95.2	149	130	19	—	156.5
下兼田	212.5	345	192	135	18	162.3
武生	191.2	235	166	48	24	122.9
玉置	496.8	947	688	92	167	190.6
上野木	415.2	617	192	165	260	148.5
中野木	133.0	50	32	18	—	31.5
下野木	383.0	293	8	141	144	76.5
計	2,971.4	3,866	2,164	832	870	130.1

※　防除面積は、パラチオン、EPN、BHC　各1袋（3K）を、1反とする。
　（上中町野木防除支所　調べ）

は徹底していない。

　白葉枯病のみは、まだ薬剤防除の方法が確立されていない。

　根腐れは、本来生理的な病気であるが、その原因については農家は理解していなかった。この知識については、指導者の、秋落現象に関する説明、中干の奨励に伴う指導によって、漸次知られるようになってきている。

　しかし、こんな原因の理解の困難なものは、知識の普及に、なお時日を要するであろう。

　以上の変貌を要約すると、病虫害防除技術の進歩は、肥料の場合と同じように、農薬の進歩と、その消費量の増加ということに集約出来るのである。

　第30表によって、農薬による主要病害虫防除の延面積を推定すると、昭和27年の13町6反に対して、33年では1216町6反に及び、六ヶ年の間に凡そ百倍の農薬を使用するようになったことが知られるのである。

　これを反当りにすれば、平均四回の薬剤散布が行われていることになる。

　農薬使用の増加は、当然薬剤費の増大となり、聴取調査によると、23、4年頃、最も多く使用した農家でも、反当り100円に達しなかったものが、今日においては、過般が1,000円を、オーバーしているのである。（第32表）

　反当1,000円を超えるのは、31年以降で28、9年頃は凡そ200〜300円、30年では500〜600円程度のようであった。

第32表　農家別の反当肥料農薬代

農家番号	肥料代	農薬代	合　計	農家番号	肥料代	農薬代	合　計
1	2,500	570	3,070	18	3,180	1,120	4,300
2	2,300	1,250	3,550	19	2,300	1,180	3,480
3	1,700	1,000	2,700	20	2,220	1,200	3,420
4	2,000	1,300	3,300	21	2,100	1,210	3,310
5	2,600	1,700	4,300	22	3,294	1,968	5,262
6	1,200	900	2,100	23	2,300	1,360	3,660
7	1,800	500	2,300	24	3,150	1,500	4,650
8	2,060	550	2,610	25	3,500	2,450	5,950
9	1,830	800	2,630	26	2,800	1,800	4,600
10	3,530	2,000	5,530	27	2,220	630	2,850
11	2,770	930	3,700	28	2,270	1,050	3,320
12	2,300	1,200	3,500	29	2,500	890	3,390
13	1,890	1,000	2,890	30	2,300	1,600	3,900
14	1,730	880	2,610	31	2,250	960	3,210
15	2,430	1,850	4,280	32	2,940	1,720	4,660
16	3,100	2,030	5,130	33	3,100	2,580	5,680
17	1,640	1,150	2,790				

（購入総額から計算）

V 村や農協、県はどんな指導をしたか

1. 役場の指導

　5村が合併される昭和28年12月までの、旧野木村役場の指導と、29年以降の、上中町役場の指導とは、かなり性格が異っているように思われるので、それを分けて記述しようと思う。

（イ）合併前

　役場に勧業係1名がおかれ、農業振興計画の立案と、その実施に伴なう技術指導に当っていた。27年までは、村農会から転職したT氏で、古くからの技術指導者だった。28年には、内務省事務官だったO氏に代った。O氏は技術指導を改良普及員にゆだねて（当時は、普及員は役場を普及活動の拠点としていた）。自らは指導に当らなかったが、T氏は村内を良く巡回し、座談会などにも出席して指導していたようであった。しかしT氏も、26、7年頃には、60才に近い高齢で、積極的な活動は健康上無理であったようだし、当時から出てきた、水銀剤、有機燐製剤等の新農薬や、保温折衷苗代等の新技術については、充分な咀しゃくと自信のある指導は出来なかったようで、やはり改良普及員がその任に当っていたようである。

　T氏の主な功績であると思われるものは、肥鉄土の客入、堆肥の増産、揚床苗代（あげどこ）の指導などで、132頁第35表にあらわれている「役場、共済組合の技術員」の指導のうち、大部分はT氏を指している。

　肥鉄土の客入については、86頁でも触れたが、当時のN村長が、この村の稲作改良は、秋落対策以外にないとして、25年に県農事試験場から「秋落改良現地試験田」を誘致し、その試験のデータを基礎に、T氏や改良普及員を通じて農家に指導したのである。この試験は5ヶ年間継

続して実施され、学術的に貴重な資料となったばかりでなく、その間村内における関係技術の浸透に大いに役立った。

その他、T氏の指導として、聴取調査にあらわれてきたものは、断根や、ボルドー液によるイモチ病防除、イナゴの共同採集、といったものだった。技術研究の進んでいなかった当時としては、そんな指導以外になかったわけで、勿論それらは、労多くして効果の少ないものであったから、殆ど実行されなかった。概して、合併前の役場の指導は、補助金による行政的指導で、技術員はその業務に忙殺されていた。（農業調整委員会、農業委員会の書記も兼ねていて、米の供出割当の仕事もあった。）

野木村役場の、「補助金交付申請書、並に関係書類綴」によって見ると、昭和28年までの水稲関係の補助金には、次のようなものがあった。

　　水稲採種圃委託費
　　食糧増産施設補助金
　　湿田緑肥畦立栽培補助金
　　病虫害、防除班活動費補助金
　　耕地調査補助金
　　農業小組合に対する補助金
　　イモチ病防除補助金
　　保温折衷苗代設置事業補助金
　　秋落防止対策施設費補助金
　　紫雲英(レンゲ)採種圃設置事業補助金
　　適応作物検討圃設置補助金
　　種籾消毒用薬剤の無償配布
　　手動撒粉機購入費補助金
　　水稲病害虫防除事業費補助金

これらの補助率は、多くは県費1/3、村費1/3で、農家はその残りを負担するということになっていた。しかし26、7年頃からは、使途がはっきり示され補助金に関する監査も厳重になってきたようだが、それまでは極めてルーズであった。例えば昭和23、4年頃には、各部落に食糧増産対策委員がおかれて、今日の農家組合長のような役割を果していたが、食糧増産施設補助金、湿田緑肥畦立栽培補助金、病虫害防除班活動費補助金、耕地調査補助金などは委員に一括して交付され、「使途については、部落に於て、適切有効に、なるべく今年の県の食糧増産運動施設に使用願いたい――村長」という文書が通知されているだけで、実際は部落の会議費その他の費用に使用されていたらしい。湿田の畦立栽培などは、労力がかかって出来るものではないし、病虫害防除班が組織された形跡もない。

　そこで県は、24年に次のような通告を出して、町村長に注意している。

農第125号　昭和24年4月30日

　　　　　　　　　　　　　　　　　　農　林　部　長　印

　　市　町　村　長　殿
　　県歳出事業費の末端使途の清浄化について

　　右に関しては、国並びに県は特にこの1ヶ年を通じ貴市町村、各種団体又は個人に対し、交附金、補助金、奨励金、融資貸付金及び督励費として、交付されたものも相当巨額にのぼるが、御承知の通りこれらの交付金は、夫々交付要綱に基く条件により使途の明確を期すべきものであり既に万全の措置が講ぜられて居ることとは存ずるも、近時稍々もすると、これが不正流用の行為等により、末端使

> 途に面白からざる事件の発生を見るは、洵に遺憾に堪へない次第である。県としては常に監査機関等の活動により、鋭意監査を実施し、又その筋においても種々実態の調査を進めつつあるが、この際特に直接、間接に監督の任にある貴職においても、この社会世相に即応し、監督を厳にし、以てその事業の完全なる遂行と不法行為の排除に、一段の協力を願うと共に管下関係団体等に対しても、其の徹底に努められ、万遺漏なきを期せられたく、命により通牒する。尚反省無き市町村に対しては助成の中止又は減額をする事あるを予め通告して置く。

しかしこれは、根本的には、技術の内容が充分検討されず、すべての技術改良を補助金によって進めようとしたこと、又その使途が明確に示されなかった点に問題があったようで、当時のN村長は、気骨ある人だったので、これを次のように文書で反ばくしている。

「各種補助金を、唯単に何の働きをしたか不明のまま配分することは、当局とその関係者の、無能を示す証査だと存じます。現状では、何もその名目の事に用いなくても、村として同一歩調で進むことの出来る計画のもとに、使用した方が効果あり、補助金をむしろそういう基金とされることを希望するものです。そのために、委員会を招集することもあっては如何」。

しかし、補助政策のなかでも、効果をあげたものもある。

秋落防止対策施設費補助金による肥鉄土の客入、適応作物検討圃設置補助金による水稲新品種の導入、種籾消毒などがそうであった。25年のイモチ病防除補助金、手動撒粉器補助金は、適当な農薬がなかったから、効果があがらなかった。26年の水稲病害虫防除事業費補助金の薬剤使用

基準は次のようなものであったが、ウンカや小粒菌核病については、当時その名称を知る農家さえ殆どなかった。黒椿象にBHCを撒布する者はあったが、1％の薬剤では全く効果がなかったし、3％でも、撒布の時期が遅かったから、効かなかった。普及指導啓蒙が、補助行政に伴なわなかったことが、失敗の原因だったといえる。

病害虫名	農薬名	反当使用量	処方
ウンカ	BHC粉剤0.5％	3kg	
黒椿象	BHC粉剤1～3％	5kg	
稲つと虫	D.D.T乳剤	450g	400倍液
稲めいれい	煙草粉	3メ	
小粒菌核病	セレサン消石灰粉	3kg	セレサン500g 消石灰2500g
イモチ病	ボルドウ銅製剤	1石	

（昭和26年の薬剤使用基準）

　農業小組合（現在の農家組合）に対する補助金は25年3月付村長あての文書によると、「従来農業小組合は、農業の改善発達に特に寄与し、増産供出運動の実践母体として、多大の貢献をなしつつある。県は其の労を認め、更に今後一層の活動を期待して、大づかみに一組合2000円――」というもので、実質は、技術改善の促進費というよりも、供出慰労金のようなものであった。尚これと同時に、「農家読本」なる小単行本が、組合に配布された。「右交付金の外に各農業小組合に対し、農家読本を一冊あて、無償配布することにしたから、組合備品として保存し、毎月例会の際に、組合幹部は月々の必行欄を読みあげ、相互研究を行い、地方事情に最も適応する改善必行事項を定め、農業技術の改良に努むるよう」とある。

其の他23年以降、村役場がどんな改善計画を持ち、具体的にどんな指導をしてきたか、資料がないので詳しくは分らない。けれども、恐らく以上のような補助金に伴なう業務と、他に村費単独の補助事業もあったであろうから、それらの事務で、技術員は、現場での充分な稲作技術指導等は出来なかったであろうことは想像に難くない。

参考までに、27、28年年度の村役場の稲作改善計画を掲げておく。27年度において、いまだに、メイ虫、クロカメムシ（黒椿象）の手での捕獲を督励している点注意して見て頂きたい。

昭和27年　遠敷郡野木村農業計画書　　　　（抜粋）

1．水稲増収競技開催の件

　生産目標達成の目的を以って共励会を開催、優秀者を県主催米穀増産共励会に出品するものとする。

　　一等賞　金壱千円　一点。二等賞　金五百円　二点。

　　三等賞　金参百円　六点。計　九点　金四千参百円　也。

2．病虫害防除施設の件

　イ　螟虫・黒椿象駆除奨励は農家及学童を督励して捕獲せしめ、一頭十銭、一卵塊一円。

　ロ　黒椿象を捕獲せしめ一頭十銭で買入れる。

　　買入数量、螟虫・黒椿象共十万頭、金貳万円（但し予算の範囲内とす）

　ハ　稲熱病については毎年発生する反別を勘案して約五十町歩とし薬剤購入費の三分の一の補助が県よりある見込につき村として三分の一補助をなす。但し共同防除にのみ補助をなす。

　　薬剤、BHC剤反当3kg、十町歩分、貳万七千円。ボルドー液反当、一三八円八十銭、五十町歩、金六万九千四百円也。県費補助、三万四千七百円。村費補助三万四千七百円を計上。

3．諸奨励施設の件
　イ　苗代改良奨励施設
　　保温折衷苗代用油紙購入費の補助、県より一坪当、二十一円五十銭。村より、二十一円五十銭。村割当坪数貳千五百坪、金五万三千七百五十円計上す。
　ロ　水稲採種圃設置。反当、五百円、壱町二反歩設置、六千円計上。
　ハ　適応作物検定圃施設（水稲十品種試作する）―品種は裏作を指すと見られる
4．耕土培養事業の件
　イ　秋落土壌改良客土については、臨時措置として部落耕作反別及、秋落田反別を勘案して割当をした。
　県補助一トンに付、七百八十円。村補助一トン四百二十円を計上す。

昭和28年度農業振興計画表　　　　　　　　　　（水稲増産必行項目）

種　別	水稲採種圃	保温折衷苗代	堆肥積込	黒椿象誘致田設置
目標量	14.0反	1300坪	2256個	100ヶ所
補助見込額	反当1,000円	坪当21円50銭	―	?

種別	秋落田客土	種籾全部消毒	イモチ、メイ虫防除	レンゲの増殖
目標量	150t	93.70石	メイ虫217反 イモチ998反	600反
補助見込額	反当　700円	薬剤$\frac{1}{2}$支給	薬剤購入量の$\frac{1}{3}$	採種圃反当 1,361円

(ロ) 合併後

　合併後は、経済課に農事係がおかれたが、区域が広くなったので、農民に対する直接指導行為は全く行われないようになった。振興計画の樹立だけで、その計画遂行のための実際指導は、改良普及員や、農協の営農指導員にまかせる他なかった。そこで30年には、役場が音頭をとって改良普及員、営農指導員、共済技術員、町経済課農事係で組織する「上中町農業指導連絡会」が生れる事となったのである。役場は、これ等の指導者の意見を聞いて町の農業計画を立案し、それを執行する為の予算を編成した。また指導連絡会は、毎月一回例会を開いて指導技術上の連絡調整を計り、相互研修の場ともしたので、とやかく問題になった指導者間の摩擦等は、当町に関する限り、余り見られなかった。

　旧役場時代には、補助政策が中心となっていたが、31年に農業改良資金制度が出来て、各種の補助金が整理されるようになると、役場の行政指導も、旧来とはその様相を異にしてくる。

　農業技術が進歩し、農民の、技術にたいする信頼が高まったからでもある。

　補助金がなくとも、或は指導者の指導がなくとも、それまでと較べて進んだ農家はマスコミ等によって知識技術を習得し、どんどん実践していくようになった。そこで役場としても講習会、講話会、展示会など、農民の学習の場を作ること、米作競励会、共進会など、農民の生産意欲を高めるような事業に重点をおくようになった。そのためには、零細な補助金は打切らねばならなかったし、又、あるものは融資に変更しなければならなかった。

　次に、昭和32年度の、上中町の水稲増産対策を掲げるが、そんな傾向がはっきりうかがわれるのである。

昭和32年度農作物生産計画並に実施対策（上中町） 抜粋

本生産計画の目標達成のため次の増殖奨励対策事業を実施する。

1．米の増産対策
　1．水稲採種ほの設置　各農協に委託設置し優良適品種の普及更新に努む。
　2．優良適品種の普及統一
　　　当地方に於ける優良適品種を左の通りとし普及統一を図る。
　　　　　早生系＝△農1　ホウネンワセ　メグミワセ　△越南15
　　　　　中生系＝ヤマコガネ　フクミノリ　コガネナミ　ヤエホ　近キ33
　　　　　晩生系＝農23　△農22　△豊千本　△みほ錦
　　　　　モチ米＝寿モチ　△モチ6号
　　　（注）△印　自家用　他は販売用
　3．ビニール苗代の奨励
　　　稲作を安定し米の増産確保を図ると共に、早植栽培による災害の回避、労力の配分、水田裏作推進を図るため資材の補償、配布を行い強力な普及を図る。
　4．酒米の栽培奨励
　　　酒造好適米「たかね錦」の栽培を奨励し、有利な販売を図る。
　5．施肥合理化の指導
　　　施肥合理化の指導対策として町内全水田の小字単位に土壌調査を実施して農家の一筆施肥設計の指導を行う。
　6．自給肥料の増産
　　　地力の向上と多収には、堆厩肥の増施が不可欠の要素である。また紫雲英（レンゲ）は水田裏作緑肥として唯一の有機質肥料の給源であるのでこれらの増産を図るため、堆厩肥積込共進会並に紫雲英採種圃

を設置する。

7．病害虫防除対策

（イ）二化めい虫、くろちん象の撲滅運動実施

完備を終えた防除機具を最高度に活用すべく防除体制の強化を図り共同による一斉防除を強力に推進してその撲滅を期する。

（ロ）稲紋枯病の防除対策

卓効のあるツーゼットを普及奨励し本病害の防除を図る。

（ハ）その他病害虫の防除対策

穂首イモチを始め各種病害虫の防除はおろそかになり勝ちであるが常習発生地帯を中心としてこれらの病害虫防除の普及を図る。

（ニ）防除費節減対策

農薬の早期手配と共同一斉防除による防除効率の向上等の方法を講じ防除費の節減を図る。セザン石灰については新製品セレサン石灰166奨励に切替え1袋当り20円の防除費節減を図る。

8．軟質米の返上

乾燥を充分に行い水分15％以下を目標として更に調整の改善、量目の正確を期し産米の声価向上を図らんとする。

9．その他実施対策

（イ）種子消毒の実施　　農薬現物配布による共同実施とする。

（ロ）試験展示圃の設置　　農研団体に依託して水稲品種試験並に硅酸肥効試験を実施する。

（ハ）現地指導会の実施　　農業指導連絡会員によって組織する指導班によって水稲肥培管理につき現地指導を行う。

（ニ）農林産物品評会の実施　　各地区毎に品評会並に水稲増収共進

> 会を催し増産意欲の昂揚に努める。

2．農協の指導

　野木農業協同組合が設立されたのは、昭和23年2月11日で、それまでは、野木村農業会が農事指導の中枢となっていた。

　農業会時代の稲作指導が、どんなふうに行われていたか、参考までに、次の資料を掲げておく。21年に肥料不足対策として刈草による敷草の励行を指導している点注意されたい。この技術は今日、刈草こそ行わないが、ハサミ肥（敷ワラ）という名で残っており有効な方法となっている。

昭和19年度野木村農業指導事業計画書（抜粋）

1．技術員の設置

　福井県農業会駐在技術員2名を本会の嘱託として本会事業に当らしむると共に時局各般の指導奨励に従事せしめ一面農事実行組合活動促進に関し督励をなさんとす。

2．専任書記の設置

　専任書記2名を置き米穀管理事業並に農業災害共済事業に当らしむると共に技術員と密接なる連絡をとらしめ時局各般の指導奨励並に調査研究に従事せしめ各般の事業完遂を期せんとす。

3．諸会合の開催

　1．農事実行組合長会を必要に応じ開催し事業完遂の大綱方針を協議し農業会の使命の達成を期せんとす。

　2．右の外村役場農産物検査所・青年学校の関係団体の合同協議会を必要に応じ開催し事業事務上の連絡協調を図らんとす。

　3．其の他各種の研究調査を開催し計画生産技術、労働技術の向上を

図らんとす。
4．農場の経営
　1．水稲採種圃並に麦採種圃、紫雲英採種圃を委託経営せしめ優良種子の普及、更新により増産目的を達せんとす。
　2．重要農産物の指導地を農事実行組合に委託経営せしめ耕種改善に資せんとす。
5．食糧増産確保施設
　　部落団体動員施設
　　食糧増産確保の根源たる部落団体即ち農事実行組合を動員し各種施設を実行せしめ之に対して助成金を交付せんとす。
6．米穀増産施設　（1）稲多収品種の奨励　稲多収品種々子購入に対し奨励金を交付し産米増収を期せんとす。(2) 集合苗代設置奨励
　裏作跡植付分集合苗代設置を奨励し之に対して一ヶ所五反歩以下とし奨励金を交付し麦作跡稲作増収を期せんとす。
7．自給肥料増産施設　購入肥料の窮迫並に地力の増進、合理的安全施肥を期すべく自給肥料増産運動週間を設け之が増産に努めんとす。
8．病虫害防除施設　農産物の増産増殖上病虫の防除適正如何は重大影響あるを以て此が施設に付県並に系統農業会の奨励指導に依り徹底防除を期せんとす。
9．労力需給調整施設　（1）共同作業奨励　共同作業の普及実施を図るべく本会に一組合の模範組合を選定し率先遂行せしめ他の模範たらしめんとす。又共同炊事共同託児所を農事実行組合に実施せしめ農繁期の労力調整を図らんとす。（2）畜力利用施設　労力需給調整上畜力利用は重大なるを以て畜力班を組織せしめ最高度に能率を発揮せしむると共に畜力中耕除草機利用を奨励せんとす。

10. 講習講話会の開催　農業知識の向上、技術の改善を計るため随時講習講話会を開催せんとす。

食糧増産協議会資料（昭和21年6月野木村農業会）

　米穀の増産に関する事項　食糧の著しき窮迫に伴い本年産米の生産確保は極めて重大事項であるが肥料供給の著しき減少の結果之が生産は実に容易ならざる状勢にして今後の肥培管理には特に次の事項を徹底的に実践せしめられ目標の完遂に邁進せられたし。1．中耕除草回数の確保、2．敷草の徹底。

　本年水稲作に対する配給肥料の著しき減少に対応し一大草刈運動を展開し之が完全施用を図るため左記要項により実施せんとす。

秋落防止草刈運動要項

（一）要旨　本年の水稲肥料は非常に窮乏して居ります。これをこのまま放任したならば幼穂形成の最も大切な時から肥切れして稲が真赤になり穂が小さくなって収量を極端に穫り落すことは必定で今までに施した総ての増産施策も根本からくつがえされるかと恐れる次第であります。この大減収を喰い止め本年の計画数量を確保せんとするこの稲作秋落防止の草刈運動は今年の食糧増産上最も大きい問題だと思われます。

（二）指導方法　（イ）畦畔、堤防、山野等の一斉草刈を行い刈場の得難い地方は雑木、柴山等から刈取、敷肥を徹底し或は焼土、山林表土の施用をなすこと。（ロ）労力対策　町村単位に於て学校、非農家等と連絡し本趣意を徹底せしめて学童、非農家の動員をなすこと。（ハ）施用法　極早生、6月30日、早生7月5日、中晩稲7月15日迄に反当200メ程度を稲株一條隔に敷肥とし除草の際土と混和すること。（三）病虫害防除の徹底　（イ）黒椿象捕殺虫の買上　（ロ）動力噴霧器の購入……（購入

されず—筆者）（ハ）蛍光燈の設置……（設置されず—筆者）（ニ）病虫害早期防除。（四）水稲採種圃の選賞

　農業会の解散後、農業協同組合には指導部が設置されたが、当時は農協としての外型や基礎を固めるのに手一ぱいで、名目は指導部の職員であっても、販売、購買、信用などの仕事の方が多いくらいで、殆ど農事指導が出来なかった。昭和23年の野木村農業協同組合事業計画書によると、「農業技術を普及したり、組合事業についての、知識の向上を計るための教育事業、並に農村生活の改善、及び文化を向上せしめる為の事業」として、組合ニュースの発行、講習、講話、講演会、研究会等の開催、農民クラブの開設をあげているが、具体的な活動は殆ど行われていなかったようである。

　古く産業組合時代から、昭和28年まで、指導関係の仕事にたずさわってきたK氏の話によると、以後K氏の他に、補助職員もおかれるようになったが、「農業共済組合やタバコ耕作組合の仕事も受持っており、販売、購買事業の忙しい時は、それも手伝ったので、まとまった稲作指導は到底出来なかった。しかしそれでも、種子消毒の指導、種子交換の指導、撒粉器の購入奨励などについては、力を入れたし、効果もあったように思う」といっている。

　農協の営農指導事業が充実されるようになったのは、他部門の人員が増え、共済組合やタバコ耕作組合の事務及び指導が分離されて、農事指導に専念出来るようになってからである。それは30年以降であった。（30年からはJ氏となる）。更に31年には、指導員の他に専任の書記がおかれ、活動を能率化するために、自動二輪車も備えつけられた。こうして営農指導が充実してくると、生産が高まるばかりでなく、農協と組合員の間

が、自ずから密接となって、組合員の意識が高まり、農協に対する理解も深まって、それが指導部予算の増額ともなった。(M専務の話による)

ここに一寸つけ加えておきたいことは、営農指導員と改良普及員との関係である。

営農指導事業費の比較		
	昭和26年	昭和33年
営農改善費	1,410	202,829
農地水利改善費	—	84,929
生活文化事業費	200	98,213
教育情報費	5,000	100,737
計	6,610	486,708

(野木農業協同組合業務報告書より)
(単位　10円)

この村の場合には、両者の協力関係は、一歩早く、28年末には、普及員は農協を活動の拠点として、営農指導員と同一歩調で進んでいた。これは農協側、特に当時の理事者と改良普及員の話合いで、その体制が確立されたもので、当時としては、他町村から、新しいケースとしてみられていたようである。

30年に、合併新町の農業指導連絡会が出来てからは、それが一般化したわけで、稲作の指導内容にしても、その指導活動にしても、営農指導員と改良普及員の合議によって計画し、殆んど活動も共にしている。

或は両者の特技、活動の時間的関係などから、仕事を分担していることが多い。

そんな関係から、指導内容の詳細については、次頁に一括して述べることとし、ここでは33年度の事業計画書を紹介するに止めたい。

只、営農指導員の場合は、普及員に比べると、現地で最も具体的な諸種の仕事をあずかっているだけに、やはり課された調査や報告等の事務が多く、また資材の斡旋や、防除器具の保管、文庫の整理、関係帳簿や、会計処理などに、時間がさかれてしまうことが少なくないので、自己の研修や、実際指導の時間には恵まれていなかったといえる。

昭和33年度指導部事業計画及収支予算書・支出の部
野木農業協同組合指導部

一．基本方針

 1．土地改良事業の推進

 2．営農設計の推進

 3．特産物の普及奨励

 4．定期的な農協便りの発行（教育事業）

 5．農家組合、農協青年部、婦人部組織の育成強化

 6．稲作栽培改善、特に施肥、病虫、早植

 7．畜産振興

二．事業計画

	事業名	事業内容	事業予算
営農	1．稲作改善事業 イ．採種ほの設置	優良種子の普及および更新を図るため採種ほを設置し優良種子の生産確保を図る。計画水稲15反　麦1反	10,000
	ロ．健苗育成奨励	健苗育成を計り、又早植増収効果を上げる為、保温折衷苗代、室内育苗を奨励する。設置計画　折衷苗代9,000坪　室内育苗　20台	5,000
	ハ．施肥改善展示ほ設置	施肥の合理化を図るため、土壌調査に依る施肥設計で展示ほを作り組合員の自主的肥料設計の樹立を図る。又新肥料の肥効、水田爆砕試験、ライシメーターによる試験を行う。	
	（土壌調査）	①施肥改善展示ほ（20ヶ所）（4,000） ②ライシメーター維持費　　（2,000） ③土壌調査　　（20ヶ所）（19,000）	25,000

改	ニ．病害虫防除施設	病害虫防除を適期に且つ効果的に行うよう防除機具を整備して病害虫防除を計画的に指導し、防除の徹底を図る。 ①野鼠駆除　2月1回（5,000） 　青年婦人の協力を得る ②種子消毒　4月1回（5,000） ③イモチ防除他菌類 　本田2〜3　苗代期1回　｝計画撒布 ④二化螟虫、くろちん他害虫類 　1化期　2回　2化期　1回 ⑤動力撒布機、1台新規購入		
	ホ．水稲米作共励会	米作収量の向上と増収技術の普及を図る。 実施要領は4月に農家組合長会を開き決定する。		
	2．裏作及特産振興	稲作の他に安定作物（特産）を育成確立し将来の農業経営安定のため馬鈴薯、甘藍を普及すると共に畑作の改善を推進する。特に品種の統一と栽培技術の改善、出荷販売の改善を図る。試験田、展示ほ設置計画　甘藍40反　馬鈴薯60反　柿、こんにゃく	20,000	
善	3．有畜営農指導奨励	農業経営の安定を図る為、和牛・小家畜を導入又は改良し、経営の合理化を図る。 ①家畜、健康診断治療　2回 ②和牛の肥育、繁殖、育成三部門のいずれかを目的に置く ③飼料作物の導入及奨励 ④小家畜の導入、特に鶏（2,000羽） ⑤和牛共進会（農産共進会と同時に） ⑥講習会の開催 ⑦草地改良の奨励	15,000	
	4．経営改善事業			
	1．農家経営の実態調査	農家経営の実態を把握し農協の生産販売計画及び今後の経営改善の資料となす。	10,000	

	2．農業経営設計の診断	農家経営の改善を図るため、農業経営の診断をなして計画的営農の推進を計る。営農設計を指導し全農家に処方箋を配付する。講習、会合費、用紙	25,000 136,000
教育情報	1．農事講習会	農業経営の改善及水稲栽培、裏作、畜産の新技術導入。4回	20,000
	2．農協便り発行	毎月1回農協便りを発行し、農協事業の徹底と趣旨徹底を期す。	50,000
	3．農事関係図書の設置	農協内に農業関係図書を置き農家の便覧に供す。	10,000
	4．農家組合育成	各部落振興の基ばんを育成し部落の発展を図る。	25,000
	5．組織体育成	各組織を育成し、生産活動、生活改善活動を計り、共同精神の昂揚につとめる。 農協青年部（8,000）青年団の育成（5,000） 農協婦人部（8,000）研究団体（4,000）	25,000 130,000
生活文化	1．組合員共同娯楽	豊作に感謝し、文化・生活向上発展の為、地区民挙ってこれを記念し祝い合う為、農産共進会及体育祭を開く。 ①農産共進会、演芸会、映画会（20,000） ②体育祭　　　　　　　　　　（10,000） ③田植を祝い農繁の労をねぎらうため映画会を開催　　　　　　　　（10,000）	40,000
	2．先進地視察	先進農家を視察し、生産技術、生活改善を推進する為　　　　青年部（10,000） 　　　　　　　　　　婦人部（10,000）	20,000
	3．生活改善講習会	衣、食、住の改善講習を開き、組合費の生活文化向上に努める 講師謝礼、材料費等　三回分	15,000 75,000

農地水利	土地改良推進事業	水田中心である当地区を将来の農業経営を考えて土地改良事業を推進し、各種作物の生産費を切り下げると共に稲作の増収、裏作、畜産の振興を期する。 ①気運の醸成と啓蒙 　　　　　　（資料費　他）（10,000） ②土地改良区の設立促進 　　　　　　（調査、会議費）（60,000） ③先進地視察　　　　　　（10,000）	80,000
事務	人件費	給料手当、法定福利費、厚生費	197,000
	旅費	旅費交通費	20,000
	事務費	消耗品費、通信費、図書費	30,000
	業務費	会議、接待、宣伝広告、資料印刷、運搬費	8,000
	諸税負担金	公租公課、支払賦課金、分担金（専門部会、協議会）	10,000
	施設費	修繕費、光熱費、保険料、償却費	16,000
	雑費	その他	2,000
			283,000
合　　計			704,000

（単位10円）

3．農業改良普及所の指導

　23年に農業改良普及事業の発足するまで、三宅村井ノ口（現在は上中町井ノ口）に、「若狭第一農業技術指導農場」がおかれていた。

　農場は、2.7ヘクタールの水田と、30アールの畑田を有し、2名の技術員で運営されていた。

　村農業会技術員、青年学校教員、食糧検査員などで、「農業技術隣保班」が編成され、指導農場で確認された技術を、部落の農業技術実践班（現在の農家組合）に指導普及するというやり方であった。

この趣旨はよかったのであるが、当時の農場長T氏によれば「これといった技術もなかったし、第一、農場の管理に手一ぱいで、技術指導はあまり出来なかった。農場は草で荒れ、模範農場どころか、返って農家の笑いものになる心配があった」ということである。
　普及事業の発足当時は若狭第一農業改良普及事務所といい、事務所は野木村上野木部落にあった。(現在の上中町上野木、その後事務所は、小浜市の若狭地方事務所に移転した)
　当時の改良普及員は4名で、現在の上中町の他、小浜市の一部をも管轄区域となっていたので、人員もたりず旧村別の担当は決められていなかった。つまり、特技その他の事情によって、活動を分担していた。
　その後、人員も増加され、責任ある一貫した農事指導を、という農家の要望もあったので、25年からは、地域別活動分担制が採られるようになった。
　その時、この野木村と宮川村(現在は小浜市)を担当するようになったのはU氏である。
　U氏は27年まで担当し、M氏と替った。合併によって29年に上中町が生れてからは、小浜市に所属した村が管轄外となり、実質的に普及員は増員されたかたちとなったので、大体一村一名の割合になった。そこで以来M氏は、上中町野木地域だけを担当することとなった。
　それ以降M氏が継続して担当しているが、30年に限り、或る事情から、O氏とN氏が担当した。
　尤も地区分担制とはいっても、いわゆる中地区事務所の特性は生かされるように配慮され、特技その他の事情によって適宜普及員相互の支援、技術の交流等がなされてきた。
　昭和27年までのU氏の指導については、聴取調査では、奨励品種の普

及、保温折衷苗代、簡易折衷苗代の指導、無硫酸根肥料の奨励などを農家は特にあげている。M氏については、施肥設計、新農薬、早植栽培に関する指導などが印象的のようだった。

しかしここでは、人による指導の差異を問題にしようとするのではないので、23年以降稲作技術に関して、どんな指導が為されてきたか、以下に揚げる資料によって見て頂きたいと思う。

第33表　昭和30年頃までに指導されてきたこと

（農業改良普及計画書並に諸報告書より）

年代	指導事項	主な指導方法	その成果	備　考
23年	肥鉄土をすすめる	部落座談会　試験圃	効果あり、徐々に普及す	若狭興業株式会社（犬見鉱山）のすすめもあり、30年頃まで継続して指導される
	揚床苗代	部落座談会	雀害あり、苗取困難のため一般に普及せず	26年には揚床苗代45%に達す
	イモチ病に6斗式石灰倍量ボルドウ液	部落座談会、実地指導　印刷物	撒布する者少し	
	いなごに展着剤加用硝酸石灰	部落座談会	一部に実行される	27年まで継続される
24年	裏作に尿素肥料の施用	展示圃9ヶ所設置		この時尿素肥料が初めて。水稲には25年10袋施用される
	メイ虫に蛍光誘蛾灯	会議	一部落で実行	誘蛾灯用電線の盗難あり
25年	保温折衷苗代	部落座談会、実地指導	健苗は出来たが、早植により虫害を受けて多くは失敗	補助金あり

119

	秋落田に固形肥料をすすめる 裏作小麦に熔成燐肥	50町歩目標で座談会 展示圃設置	施用するものなし	施用労力の関係と思う。 これが熔燐の嚆矢となる。26年より水稲に使用
	2.4.Dによる除草	上野木に一ヶ所の展示圃を設ける	効果あり	
	クロカメムシにBHC1％粉剤	部落座談会	効果なし普及せず	
	メイ虫の葉鞘変色茎刈取　2回実施	部落座談会	実施する者なし	
	メイ虫にBHC0.5％粉剤又はDDT2.5％粉剤　煙草消石灰粉	〃	撒布した者もあったが効果なし	
	小粒菌核病に対する水銀剤の撒布（塗抹用水銀剤120～150匁を5倍の消石灰と混合して菌の侵入期に2～3回撒布	展示圃	小粒菌核のみならずイモチ病に効果があった。	水銀剤撒布の嚆矢　イモチ病に使用されるのは28年より
	ワタグサレの防除にウスプルン、ボルドウ液の潅注	実地指導	効果あり、進んだ農家は実施する	
	苗代堆肥の完熟化			
26年	種子消毒（水銀製剤）	部落別の実地指導	共同で実施効果あげる	薬剤は無償配布
	簡易折衷苗代をすすめる	部落座談会、実地指導	普及する	
	窒素肥料の全層施肥、穂肥	部落座談会、巡回指導	徐々に普及	
	塩安、トーマス燐肥をすすめる	展示圃	この年には施用したものなし	塩安は以後急速に普及する
	イモチ病に対する銅粉剤の撒布	試験田、部落座談会	多少効果あり、しかし撒布するもの少なし	

27年	メイ虫にホリドールの使用	試験田を設ける	効果顕著	有機燐製剤の嚆矢 しかし危険なため、農家は敬遠する
	早期草止の励行	部落座談会	殆んど実行されず	29年頃から一般に普及
28年	中干の実施と、根ぐされ防止	部落座談会 集団作見指導	実施するもの少なし	30年以降普及
29年	珪酸石灰	部落座談会 印刷物	効果顕著 普及する	
	乾田の落水期遅延	部落座談会	進んだ農家は実行する	

○30年頃からの指導

野木地区稲作改善重点事項

（31年に農家に配布した資料をそのまま引用）

1 健苗の育成と早植

　保温折衷苗代と、ビニール苗代によって早期に健苗を育成し、出来るだけ早植することによって増収を計る。

2 堆厩肥の増施と三要素の適量施肥

　堆厩肥反当平均150メ以上の施用によって、地力の維持につとめ、肥料の施用は偏することなく窒素10、燐酸4、加里9ぐらいの割合で施す。尚窒素は反当3メ（塩安換算12メ）位を一応の目安とし、無理な施用をしないこと。

3 珪酸石灰の施用

　当地方の水田は、珪酸が一般に著しく不足しているので、毎年反当30メ以上施用する必要がある。又特に秋落ちの甚だしいところでは、肥鉄土を反当300メ位施用する。

4　合理的な追肥

大体出穂の30〜40日前に肥料が効いていると無効分けつが多くなり稔実も悪くなるので、その頃には肥落ちするように、早期追肥を早目に終るようにする。中肥は廃止するか少なくすること。穂肥の施用は、むしろ晩い目が安全である。耕土の浅いところでは、何回にも分けて、少量ずつ追肥することが大切である。

5　中耕除草は早目に

中耕の効果は土壌の温度を上げることにあるので、第1回目は植付後10日目頃に行う。そして出穂前30には止草を終るようにする。止草は除草剤を施用した方が稲のためにも良い。

6　水のかけひきに注意・土用干の実施

田植後の10日間を除き、浅水（1寸）管理とする。尚時々完全排水して根くされを防止する必要がある。特に幼穂形成期の前10日間程は、土用干を行い稲を強健にする。

7　病虫害の完全防除

6月中下旬及八月中旬のホリドール撒布（虫害防除）と7月中旬及稲穂揃後のセレサン石灰撒布（病害防除）は、部落民の必行作業として実施し、完全防除を計る。

8　米質の改善向上

優良奨励品種の採用と、籾の乾燥に留意し、将来野木産米が有利に取引されるようその基礎を確立する。

○23年以降継続して指導されているもの

奨励品種の普及、種子更新　　加里肥料の増施

堆肥の増施　　浅水管理

薄播、浅植　　無硫酸根肥料の施用　　稲作の植物学的理論

　29年頃までの指導方法は第33表によってみるように、部落座談会、展示圃等がその主なものであった。
　30年に、農事研究会が再編されて、その活動が活発になってくると普及指導の考え方が変ってくる。即ち、新技術を先ず研究会員に実践させてそこからの波及効果をねらおうとするので、座談会にしても、試験田や展示圃の設置にしても、或は個別指導にしても、研究会員を対象の重点とするようになってきている。
　そのために一般大衆に対する指導は、印刷物、かべ新聞などによる指導、集団作見指導、通信指導などに重きをおいて指導の労力を軽減しなければならなかった。
　通信指導の主なものは、①31年に実施された水稲の品種に関するもの②31年から毎年続けられている土壌調査にもとづく施肥処方箋の交付③32年から行われた肥料予約注文前における肥料購入の全戸指導などであろう。
　①は、作付品種の実態をアンケートによって全戸調査し戸別に検討して不適当な品種があれば、その理由とそれに替えるべき品種名を書いた指導票を農家に手渡したもの。
　②は、3ヶ年計画で100点の試坑土壌調査及土壌分析と、200点の簡易土壌調査（両者を含めて1ヘクタールに1点の割合）を実施し、その成績にもとづいた施肥設計と、施肥に適合した管理を示した指導書を手渡したもの。
　③は、肥料の予約注文のなされる前（8月）に全戸の農家に対して、来年はどんな施肥を予定しているか（従って予約注文の予定）を調査し、

圃場別に検討して、誤まった施肥の方法があれば指摘しそれを改めるように次のような指導票を交付する、というもの。この指導効果の一つのあらわれは、第26表でみた石灰窒素の急激な減少であった。（なおこの指導の実際については、石灰窒素の消費転換に成功した体験集（全購連）日本４Ｈ新聞（32.11.4）などに掲載されている。）

以上の指導は、殆んど全戸を対象とし、しかも圃場毎の具体的な指導をしているが、その割合には労力を要していないのである。

（肥料予約注文前に実施した全戸通信指導の用紙）

| 整理番号　　　　　 | 　　　施肥計画指導票 |

　　　部落　　　　　　　　　殿　　　　　　　野木農事相談所

1　あなたの施肥計画を検討した結果は下記の通りです。

　　　㋑　大体良好と思います

　　　㋺　次の圃場については下記のように変更されることを希望します

圃場番号	面積(畝)	施肥計画			
		元肥		追肥	
		種類	施肥量（メ）	種類	施肥量（メ）

2　あなたの肥料の購入予定は

　　　㋑　適当と思います

　　　㋺　下記の様に変更されるのが良いと思います

肥料の種類	その量	肥料の種類	その量

○ 施肥設計は早目に、科学的にたてましょう
○ 疑問の点はどんなことでも遠慮なく農業改良普及員、農協技術員に相談して下さい

　即ち①と③はぼう大な指導ではあるが、営農指導員、研究会員、改良普及員の三者協力によって、短時日で処理している。(①③ともそれぞれ10日間位) ②も現地調査は期間を定めて実施しているが、処方箋の交付は、11月から翌年4月までにかけて、他の指導のあいまになされるので普及員としては、それほど無理をしていない。

　要するに、農事研究会員に対する重点指導と、一般農民に対する指導の労力配分が、こんなかたちで行われていたということである。

　再びもとにもどるが、前にも述べたように旧来はこの地方の稲作の最大のガンは、何と言ってもイモチ病で、改良普及員はもとより、各方面の指導者は、この防除対策に最も力を入れていた。そこで当時、どんな技術で、どんな方法で指導に当っていたかを特に一瞥しておく必要があろう。

昭和26年　　　　**イモチ病の技術的綜合防除法**

福井県

(1) 第一次伝染防止の被害ワラ、籾殻の処分
　1. 被害ワラ、籾殻は堆肥、灰等にする。

2．田面に放置せるものは四月中に完全鋤込み湛水腐敗させる。

3．稲架の覆ワラ其の他屋外のワラは四月中に処分する。

(2) 品種の選定

1．耐病性品種の選定。

2．適地、適作を行う。

(3) 種子の予措

1．箕唐選及塩水選を行い重い種子を用いる。

　　　塩水選（比重1.10—1.07）

2．種子消毒は必ず行う。

　　第一法　ウスプルン浸漬法

　　（イ）予浸2日→1000倍液6—12時間

　　　　漬浸→浸種

　　（ロ）ワタグサレ病防除をかねる場合

　　　　播種前日→1000倍液12時間浸漬→播種

　　第二法　ホルマリン浸漬被覆法

　　　　予浸2日→100倍液20分間浸漬→濡むしろ被覆

　　　　→水洗浸種

(4) 健苗の育成並に第一次伝染防止

A　苗代

●薄播（坪当早稲3—4合、中晩稲2—3合）

●面積の拡張（反当平均13坪）

B　管理

●追肥は特に窒素質肥料の多用をさける。

●灌漑水に注意する（温め田の水、干廻水路による温水の導入、酸素の補給、芽乾、土壌温度を高める）。

- ●遅植用苗の育苗に注意する。
- ●過熱、軟弱苗の移植をさける。
- ●罹病苗の移植をさける。
- ●取置苗は発病し易いから直ちに植付ける。
- ●深植をさける（特に苗代跡田は丁ねいに砕土を行わないこと、深植えをさける）。
- ●間挿苗は発病し易いから早期に処分する。
- ●密植をさける。

C　第一次伝染防止の苗代薬剤撒布
- ●六斗式石灰倍量ボルドウ液、銅製剤（王銅、クポイド水一斗に12匁液）

(5) 本田の健全育成並に第二次伝染防止

A　整地
- ●地力の増進（深耕、加里成分の補給、特に堆厩肥、灰等の増施）
- ●湿田、老朽化田の改善

B　管理
- ●赤枯、根腐症状田はイモチ病も発生し易いから活着後中耕は早目に行い回数も多くする（浅水とする）。
- ●本田の冷水灌漑をさける。
- ●葉イモチ病発生のおそれある田や、発生田は排水（田面乾燥）をしてはならない（山間部冷水地帯は昼間排水、夜間灌水する）。
- ●落水期は早過ぎぬこと。
- ●レンゲ草の施用量に注意する。
- ●各養分の均衡をはかり窒素肥料の増施に失しないこと。
- ●追肥は基肥の量と移植後特に六月の天候により施肥時期及び量に

注意する。

　●朝つゆの長く消えないときは早朝つゆ払いを行う。

　●出穂後の旱魃をさける。

C　第二次伝染予防及防除の薬剤撒布

　●分けつ期—六斗式石灰倍量ボルドウ液

　　穂孕期以後—八斗式石灰三倍量ボルドウ液

　　銅製剤（王銅、クポイド水１斗に12匁液）

　　撒布量—反当６斗〜１石

稲熱病防除に関する緊急措置事項（抜粋）

　　　　　　　　　　　　　　昭和26年７月14日　福井県

１　県のとる手段

　１．防除督励班員の派遣

　２．高等農業講習所生徒の派遣

　３．広報車の出動

　４．ラジオの利用—新しい農村、早起鳥、スポットニュース

　５．新聞の利用

　６．壁新聞の利用

　７．関係方面に対して通牒を出す。

２　地方機関のとるべき手段

　１．実地指導会の開催

　　改良普及員が市町村及び農業協同組合、共済組合と協力し、実地指導会を開催し、薬剤の調整及薬剤撒布の方法について実地に指導すること

　２．防除用器具資材の確保

農業協同組合、共済組合が中心となり農薬の確保及び噴ム器の需給に万全を期すること

3　防除の方法

6斗式石灰倍量ボルドー液又は、銅製剤水1斗12匁液

　以上のような指導が労多くして効を奏さなかったとはすでに見てきたところである。

　ところで、こんな増収技術に対して、作業労力を軽減しようとする指導は極めて稀薄であった。機械の導入、省力整地、省力除草、除草剤の使用などに関しては29年頃までは、農業改良普及所の普及計画にもあまり出てこないし、指導された形跡も、聴取調査によると件数は少ない。どちらかと言うと、労力の増加を無視して少しでも増産させようとする指導が多かった。例えば上掲の「イモチ病綜合防除法」における早朝のつゆ払いなどがその典型的な例である。毎朝早く起きて稲のつゆ払いをするなどということは、過重労働を強いるものでなくて何であろう。その効果も疑問だった。

　除草剤2.4Dは、25年に1ヶ所の展示圃が設けられたが、翌26年には全農家の13.5％が使用するまでに普及している。（第34表）

第34表　昭和26年2.4D普及状況

水稲面積	2.4D使用面積	同比率	米作農家戸数	2.4D使用戸数	同比率
324.3 反	50 反	1.5 ％	297 戸	45 戸	13.5 ％

　ところがこれは、改良普及員の積極的な指導によって普及したものでなく、むしろ県は次のように最高普及量を限定し、冷淡な態度をとって

いたのである。にも関らず急速に普及した点注目に値するのではなかろうか。

農第1322号

昭和25年6月8日

福井県農林部長

若狭第一農業改良普及事務所主任殿

除草剤2.4Dの普及について

労力軽減を目的として新登場せる除草剤2.4Dの普及については初年度のことでもあり、農家の適切なる使用によって食糧の生産確保に支障を来すことのないよう指導に精励されて居る事と存ずるが、先月末の普及講習会席上説明せる通り其の後の2.4D製造業界は急激に変貌し本年度は割当の如何にかかわらず製品は順調に出廻る見込で既に一部業者により市販されて居る現況より見て業者の宣伝による無指導使用の向も多分に懸念されるので、若しも2.4Dの使用によって減収を生ずる様な場合は食糧確保臨時措置法に基く供出補正の対象とはならず、又農業災害補償法による共済保険金の交付も受けられない旨を再徹底するとともに現地指導によって充分技術の浸透につとめられたく、尚配給要領は右事情のため変更し貴管内の最高使用量の框を下記の通り決定したから同数量の範囲内で農家に普及されたい。

記

最高使用量　　　　　　　　　　　　38.1 瓩

Ⅵ　稲作技術普及のプロセス

1　技術の進歩を促したもの

Ⅳでみた技術の変貌は、次のように要約出来る。

1) 品種　奨励品種、従って安定品種への統一
2) 苗代　薄苗、保温折衷苗代の採用
3) 耕耘整地　耕耘機、二段耕犂の導入、省力整地
4) 肥料　化学肥料特に無硫酸根肥料の増施、肥鉄土の客入、珪酸肥料の増施、施肥方法の改善
5) 植付　早植、粗植化、長方形化の傾向、植付本数の減少、浅植
6) 中耕除草と水のかけひき　浅水管理、中干の実施、落水期の遅延、早期除草、除草剤と省力除草
7) 病虫害防除　新農薬特に有機燐製剤と水銀剤の増投

そこで、これらの技術について、その変化を指導し、或は助長したものが何であったかを、聴取調査によってみよう。

第35表 技術の変化を指導したもの、助長したもの
その①技術の種類別件数

大類別	小類別	1 親しい（近い）人達との接触によって、又はその人達の行動や実績を見て						2 職業的指導者との接触						3 指導者がとった指導手段							4 マスコミ	5 其の他			計	比率
		1.親せき	2.近隣部落の人※(1)	3.近隣村内の人	4.村外の友人、知人※(2)(3)	5.仲間、農事研究会の人※(2)(3)	6.多くの様々な人々から※(2)(3)	8.農家組合長※(4)	9.営農指導員	10.改良普及員	11.役場、共済組合の技術員	12.農協※(5)	13.講習演会、映画幻灯会※(6)	14.座談会	15.試験田、展示圃、採種圃※(7)	16.作見会	17.視察	18.品評会、展示会	19.印刷物、処方箋、カベ新聞	20.新聞雑誌、ラジオ※(8)	21.本人※(9)(10)	22.家族※	23.業者	24.その他		
技術	改良苗代とその関連技術	20	63	13	7	5	11	4	2		4		43	2	2	19	1	2	2		11	2	1		3	217	36.9
	2段耕犂と耕耘機	1	13	2	2	1	3	3	1	4	13	2	3	3	1		1	1			14	1	3	1		73	12.9
	省力整地		1										1								1	1		4		10	1.7
	地力の増進と根腐れ防止		4								2	4			1						1	3				11	1.9
	早植栽培		3				3		2	2	3		1				3				2		1			13	2.2
	栽植密度と本数及び植方	1	1	1			3	1	1	4	4			3	3	1			1		7		2			35	6.0
	化学肥料とその使い方		3				3	1		6	10	2	6	3	2						4	2	1			22	3.7
	農薬とその使い方		3	2			6	1	6	4	14	3	11	2	5	3		1		6	9	2	3	7		74	12.6
	除草剤とその使い方	1					1		3	2	3		1	1	1	1	1		1	3	4		1			56	9.5
	早期中耕除草					1				2			2		1					1	4	1	1			16	2.7
	適期中干の実施		1						3	5	3		1	3	3				2		3		3			18	3.1
	其の他	1		1				4		2	5	4	2	1	1		1				4	4				24	4.1
																										19	3.1
計		24	92	18	9	9	29	9	7	25	69	16	70	23	24	24	9	5	3	13	65	16	17	12	3	588	
比率		4.1	15.7	3.1	1.5	1.5	4.9	1.5	1.2	4.3	11.7	2.7	11.9	3.9	3.6	4.1	1.5	0.9	0.5	2.2	11.0	2.7	2.9	2.1	0.5		100

第35表の説明

(1) この調査にあらわれた件数は、対象農家に対して、昭和23年から33年までに稲作技術に変化をもたらした、最も印象的な人、事物について聴取した結果の反応である。

　　一つの変化は、多様の働きかけによって起っているものと思われるが、聴取の態度として、農家の印象を重点においたので多くは一つの変化について1～2、3の件数に止まった。ここにはこうして得られた総件数が記入してある。

　　生産力に対してマイナスに作用したものも皆含めてあるが、働きかけだけで、実際に技術に変化のなかったものはとりあげてない。

(2) 近隣でもあり、親せきでもあるというように重複している場合はより親近なものを優先した（従って小類別の番号順）。

(3) Ⅰの中には、例えば近隣の人の話を聞いてというのと、それとなく「近隣の田圃を見て」というのとある。親せき、近村の人、等についても同じ。

(4) 3は2のとった手段で「普及員の座談会」というように農家がはっきり指名して答えた場合は「普及員」の項に入れた。つまり2を優先してある。

※ (1) 調査対象区域、旧野木村を村内といった。

(2) 32年からは、農協青年部となっているが、農家は今だに、通称「農研の人」と呼んでいる。

(3) 内部的指導者、形式的指導者（職業的指導者）、その他多くの人から何回も聞いたり、指導されたりしているが、これといった印象的な決め手というものがない。しかし、そのなかで最も影響しているのは、近隣や村内の人のようであった。

(4) 農家組合長は形式的指導者（職業的指導者）と内部的指導者との中間的性格を持っている。農協や普及員の指示を役目柄部落農民に伝達するという点から、ここでは形式的指導者（職業的指導者）のなかに入れた。しかし、凡そ指導的地位の人が、部落で自主的に選任され、ふだんは一般の農民と変りないという点では、内部的指導者に類別されなければならないであろう。

(5) 実際に聴取ってみると「農協のすすめで」「農協の指導で」「農協へ行ったら」「農協の座談会、会合で」といった応答が非常に多く、農協の「誰の」ということは案外印象に残っていない。

　　従ってこの中には、営農指導員の他、購買、販売関係の職員、農協に駐在して営農指導員と行動を共にしている改良普及員も当然含

まれる。
（6）この中には、農事試験場、大学などからの外来講師の件数が14件ある。
（7）展示圃などを見て、というのと、自らそれらを担当して、という場合の二通りある。前に触れたように、「圃場で普及員の説明を聞いて」という場合は10に入れてある。
（8）主な雑誌名をあげると、家の光、農業朝日、富民、福井農業技術。
（9）本人の主観、創意、判断、経験が技術改変の主要な動機となっているもの。
（10）農協青年部に加入している長男が最も多かった。

　第35表（1）によって件数の多いものをみると、近隣が最も多く92件で全体の15.7％、次で農協の70件、改良普及員の69件、新聞、ラジオなどの65件となっている。

　職業的、形式的指導者の指導件数が187件に対して、それ以外の件数は190件で、わずかに多い結果となっている。

　2の職業的指導者との接触と3の同指導者がとった指導手段を合せても全体の48.5％で他は近しいインフォーマルな人達や、マスコミの影響をうけている。このことは、全体的としてはより間接的な影響（人間関係）や、マスコミを重視する必要を物語るのであろうか。

　第36表は、調査としては甚だ不完全であるが、指導をした人として、あらわれた村内の農民23人（A～W）のうち10人までが聴取調査の対象農家であったことは、この村の人と人との交流が盛んである事をも示す。

第36表　技術を指導した人としてあらわれた村内の農民

1．指導者の記号	A	B	C	D	(17)E	(18)F	G	H	I	J	(23)K	(5)L	(15)M
指導した件数	8	1	1	1	3	1	1	1	2	4	1	1	1
2．指導を受けた農家の番号	①⑬	①	⑥	⑥	⑥	⑦	⑦	⑨	⑩⑭	⑩	⑩	⑪	⑫
1と2の地理的関係（距離m）	100 30	200	200	500	150	150	170	70	200 50	70	100	1000	400
1の年齢経歴等	31才 農林卒、体育協会、青年部副部長、のリーダー								33才 農業技術員養成所卒、元農協技術員				

1．指導者の記号	N	(1)O	(10)P	Q	R	S	T	(26)U	(16)V	(31)W
指導した件数	3	1	1	2	1	6	1	2	1	1
2．指導を受けた農家の番号	⑫㉖	⑬	⑭	⑮⑰	⑰	⑲㉑㉔	㉕	㉕	㉖	㉖
1と2の地理的関係（距離m）	80 10	100	250	1000	400	100 100 50	100	1500	200	150
1の年齢経歴等	32才 旧農研の幹部			35才 の名が高い		34才 農林卒、篤農家		34才 旧中卒農協青年部役員		

注　聴取に際しては指導した人の名を意識的に聞いたわけではない。自然に出て来た人達を整理してみた。だから指導者の数は、勿論同一指導者の出てくるひん度にしても割合に少ないはずである。
〇印は本調査の第1表（16頁）の被聴取農家で（　）は調査農家番号。

そして、このうち2戸以上の農家を指導したA、I、N、Q、Sをインフォーマルなリーダーとみなすならば、その人達は年齢や略歴から見て「若手の新しいタイプの指導者」という感じがする。

しかし、第35表で近隣が最も多かったように、ここでも地理的関係を見ると、いずれも数百米以内に接近した間柄である。

これらのことは、技術普及の立場から研究会等の育成を考え、濃密的指導を行う場合の一つの示唆となるのではなかろうか。

マスコミについて、新聞、ラジオなどの普及状況を参考までに記しておく。

	ラジオ普及率	新聞普及率	
昭和25年	66%	91%	（農林水産業基本調査）
昭和32年	93.6%	96.7%	（上中町建設計画書現況編）
	図書販売状況		（農業協同組合調査）
家の光	農業技術	稲作の理論	土壌の診断
118	42	83	14

次に第35表を、技術の種類別にながめると、品種に関する件数が最も多くて36.6％、苗代12.9％、肥料12.8％となっている。特に品種の件数が多いのは、その導入によって、経営や技術の体系に影響を与えることが少ないからでもあろう。

技術の種類別に変化を「指導或は助長したもの」の件数（以下指導件数という）の多かったものを拾うと、次の順序となる。

	1位	2位	3位	4位
品　種	近　隣	農　協	親せき	試験田　展示圃 採種圃
苗　代	マスコミ	近隣、普及員		
二段耕耘と耕耘機	業　者			
省力整地	近　隣	本　人		
地力の増進と根腐れ防止	役場技術員	（普及員 作見会		

	1位	2位	3位	4位
早植栽培	マスコミ　普及員	農研の人		
化学肥料	普及員	マスコミ	業者	印刷物・処方箋　農協　営農指導員　農研の人
農薬	普及員	農協	営農指導員　マスコミ	
除草剤	マスコミ	普及員	営農指導員	
早期中耕除草	普及員	マスコミ　営農指導員		
中干	普及員	講習会　座談会　家族		

　品種については「隣の人の田を見て」というのが一番多かった。次で農協の多いのは、採種圃の種を取扱う関係であろう。

　苗代がマスコミの影響を強く受けているのは、特に保温折衷苗代は、国、県、市町村をあげて奨励していたのであり、ためにその機会が多かったとみられる。

　機械や、省力整地については、普及員等職業的指導者が積極的な指導をしなかったことは前にも述べた。ここでもそれがあらわれているので、業者の宣伝や農民自らの創意によるものが多かったのである。

　堆肥の増産や、肥鉄土の客入については、やはり、役場の技術員T氏の功績が大きかったようだし、根腐れの防止については、普及員特にその作見指導会が効果をあげたようだ。

　早植栽培、肥料、農薬、除草剤などは普及員、マスコミ、研究会員、農協の指導によるものが多く、品種、苗代、省力整地などに比較して、近隣や、親せきの件数が少ないのは対照的である。

第35表 技術の変化を指導したもの、助長したもの―その②階層別年次別件数a

大類別	1.親しい(近い)人達との接触によって、又はその人達の行動や実績を見て						2.職業的・形式的指導者との接触					3.指導者がとった指導手段						4.マスミ	5.その他				計
小類別	1 親せき	2 近隣	3 隣部落、村内の人	4 近村の人	5 仲間、友人、知人	6 農事研究会の人	7 多くの様々な人から	8 農家組合長	9 営農指導員	10 改良普及員	11 役場、共済組合の技術員	12 農協	13 講習、講演、映画、幻灯会	14 座談会	15 試験田、展示圃、採種圃	16 作見会	17 視察	18 品評会、展示会	19 印刷物、処方箋	20 新聞、雑誌、書物、ラジオ	21 本人	22 家族	23 業者	24 其の他	計
階層別 年次別																									
23年 1	1	1	1	2																					4
23年 2		3									2														2
23年 3											2														2
24年 1	1	1		1						1	1									2					4
24年 2		3								1	1	1								1					4
24年 3	1		1							1		1	1	1						1					6
25年 1		1			1				1	3	2	2		1	1					2	1				8
25年 2		2									1	1									1				4
25年 3		1									2	1					1				1				6
26年 1		1								3		2													6
26年 2		3		1	1	2				4	1	1		1						1	1			1	10
26年 3	5	2			1					1		1							1	4	1	1	1	1	22
27年 1		2		1								1								1					7
27年 2	2	1										2		1							1		1		11
27年 3	2	3										2					1			1				1	10

小類別	1 親せき	2 近隣	3 隣部落、村内の人	4 近村の人	5 仲間、友人、知人	6 農事研究会の人	7 多くの様々な人から	8 農家組合長	9 営農指導員	10 改良普及員	11 役場、共済組合の技術員	12 農協	13 講習、講演、映画、幻灯会	14 座談会	15 試験田、展示圃、採種圃	16 作見会	17 視察	18 品評会、展示会	19 印刷物、処方箋	20 新聞、雑誌、書物、ラジオ	21 本人	22 家族	23 業者	24 其の他	計
28年 1		2			1							1													5
28年 2	1	3				1	1	1	2	3		1		2	2				1	1	1	1	1		21
28年 3	2	3	1		1	2				1		2			1										12
29年 1	1	4		1		1		1	2	1		1	1	1	2					2	1	1			15
29年 2		3	1			2				1		3			2	1				3	1	1	1		17
29年 3	1	4	1	2	1	1	1	2	1	1		6	1		1				1	6	2	4	1		25
30年 1		3	1			1			1	1		4								5	1	2			27
30年 2	1	5	1	1	1	1	2	1	1	5		10	2	2	2	1	1			5	2	1	3	1	39
30年 3	3	2		1	1	3	1	2	8	9	2	2	1	1	1				2	3		2			51
31年 1		5			1				1	1		3	2	2	2	1			2	2	1				17
31年 2		6	1			3	2	1	1	12		3	3	2	4		1	1	2	6	1	1	1		51
31年 3	4	8	1		1	6	1	1	2	6		4	3	2	4	3	1		3	2	1	1	1		53
32年 1	1	5	1	1		2			2	1		8	1	2	1	1	1		1	3	1	1			31
32年 2		1	1		1	1		1		4		1		3			1			3					20
32年 3	1	6	4	1		3	2	1	3	7		7	4	1	2			1		4		2	1		44
33年 1		4	3		1	1			1	1		2	2						1	2					19
33年 2		1		1	1					3		1		1		1	1			3	1				12
33年 3	1	6	1									4	3		1					2	1	1	2		23
計	24	92	18	9	9	29	9	7	25	69	16	70	23	21	24	9	5	3	13	65	16	17	12	3	588

階層別の1は1町未満の農家　2は1町～1.5町未満の農家　3は1.5町以上の農家

第35表その②は年次別、階層別に整理したものである。

　件数の量が、調査対象の記憶の濃淡に支配されて、時代をさかのぼるに従って、減少するのではないかと思われたが、結果は必ずしもそうではなかった。全体としては、31年が最も多く、次で30年、32年の順となった。（この三ヶ年で総件数の55.2％を占める。）この調査は、指導によって事実上変化のあった事件について聴いているので、大体技術的に進歩の目覚しかった年に件数が多くなっていると見てよい。しかし、指導から実施されるまでの間に期間のある場合があるから、この年次別の件数は必ずしもその年の指導或は助長件数と一致しない。（普通の場合常に指導は継続されており、基点をどこにおくかによって、見方が変ってくる。）

　件数は、変化を与えたものの類別によって、年代別にみると違いがあるのではないかと思ったが、大抵同じような傾向を示している。（第5図）これは技術相互に皆関連があり、連鎖或は補完によって、技術普及の効果をあげていることを意味するものでなかろうか。

　年次別の件数を、階層別にみると、1町未満の階層は、1町以上の階層に比べて、28年までの件数が割合に少ない結果となっている。1町5反以上の農家の件数が、26年から増加の傾向を示しているのと対比すると興味深い。

　第35表の3と第37表によって、個人別、階層別の件数をもう少し詳しく見よう。

第35表 技術の変化を指導したもの、助長したもの
その②階層別年次別件数b

階層別 \ 年次別	23	24	25	26	27	28	29	30	31	32	33	計
1町未満	4	3	8	6	7	6	16	27	17	31	19	144
1町〜1町5反未満	2	3	4	10	16	22	17	38	51	19	13	195
1町5反以上	2	6	5	22	10	13	22	51	51	44	23	247
計	8	12	17	38	33	41	55	116	119	94	55	588
年次別比率	1.3	2.0	2.8	6.4	5.6	6.9	9.3	19.7	20.2	15.3	9.3	100

注　この年次は変化の起った年で、必ずしも指導等の行われた年ではない。
　　即ち指導事項の採用、定着した年次を示す。

第5図　指導助長件数の年次別比率曲線

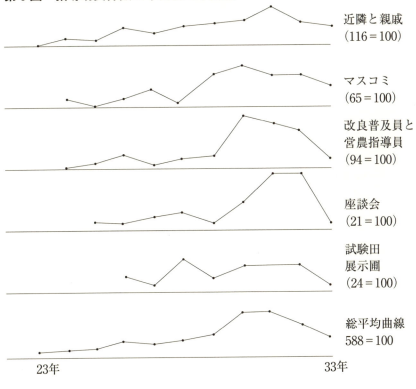

第35表　技術の変化を指導したもの、助長したもの　その③個人別件数

農家番号	①	②	③	④	⑤	⑥	⑦	⑧	⑨	小計	平均
件数	8	16	6	6	25	13	34	20	16	144	16.0
農家番号	⑩	⑪	⑫	⑬	⑭	⑮	⑯	⑰	⑱	⑲	⑳
件数	17	12	13	16	9	17	18	18	15	16	12
農家番号	㉑	㉒	小計	平均	㉓	㉔	㉕	㉖	㉗	㉘	㉙
件数	12	20	19.5	15.0	27	23	18	26	18	19	21
農家番号	㉚	㉛	㉜	㉝	小計	平均	総計	平均			
件数	21	16	21	39	24.9	22.6	58.8	17.8			

第37表　1農家当りの件数

	改良普及員		営農指導員		試験田展示圃採種圃		新聞、雑誌書物ラジオ		近隣	
	実数	1農家当り	実数	1農家当り	実数	1農家当り	実数	1農家当り	実数	1農家当り
1町未満農家	7	0.8	6	0.5	4	0.4	18	2.0	34	3.8
1町〜1.5町未満農家	33	2.5	4	0.3	11	0.4	28	2.1	21	1.6
1.5町以上農家	29	2.6	15	1.3	9	0.8	19	1.7	37	3.3

全体としてみると、1農家当りの件数は、17.8件で1町未満の農家が16件（件数の特別に多い⑤番を除くと13.7件）1町5反未満農家が15件、1町5反以上の農家では22.6件となっている。これを更に、職業的、形式的指導者である改良普及員、営農指導員等、そのとった手段である試験田、展示圃等とマスコミ、近隣の別に見ると件数の違いがはっきりする。即ち、マスコミや近隣から学ぶ件数は階層と関係がないが、職業的指導者のそれは、階層の低い農家に少ない。

前に述べた調査の方法から判断して、このことが直ちに、階層の低い農家に対して、改良普及員等の指導件数が手薄であったことを示すものではない。しかしそれにしても、この階層にして、実行容易な技術の指導が充分なされなかったということも、この結果から言えるのではないだろうか。実行の出来るような、諸条件を作る努力も指導者の任務であろう。

　指導の件数と、生産力とを結びつけて考えることは、早計であるかも知れないが、調査農家を個人別にみると、ある程度関係があるように見受けられる。第17表（39頁）の反収、増収率共に標準より低い農家①、③、④、⑥、⑧、⑨、⑱、⑳、㉑、㉓、㉔、㉗、㉛、㉜の14戸のうち⑧、㉓、㉔、㉗、㉜の5戸を除くと、いずれも指導をうけた件数は平均より少ないのである。この9戸がどんな農家であるかを「調査対象とその農家の状況」によってみると、9戸のうち3戸が兼業農家（調査農家の兼業率は15.1％）で6戸は農事研究会に加入していない（農研加入率は63.6％）

2．技術普及の様相

　新しい技術が研究発見され、それが指導機関等によって、農民に普及されようとしてから、実際に農民が、その技術を実用化するまでに、どの位の期間がかかっているものであろうか。これを技術普及の速度というならば、その速度はどんな条件に影響されるであろうか。

　また個々の農民による、その変異差はどうであろうか、そういった点を、ここではみていきたい。

　指導者は、従来県の奨励品種を普及してきたので、先ず第38表及び第6図（146頁）によって、奨励品種に編入されてから、農家がそれを採り入れるまでの過程を見よう。

奨励品種に編入されてから、その翌年（23年までに奨励品種になっている農家は23年）までに採用している農家は、ほうねんわせと近畿33号を除くと極めて少なく、次のようになっている。

第38表　農家別奨励品種の導入年次

奨励品種品種名	過去の奨励品種		奨励品種編入の早かったもの					最近編入されたもの		
	32農林号	わせとどり	23農林号	30農林号	17山陰号	こがねなみ	33近畿号	みのり	ふくほうねんわせ	やえほ
奨励品種編入年次	25〜30	27〜31	20	20	20	27	28	29	30	30
1	29(32)	—	28	—	—	31	29	33	33	—
2	30(31)	—	29	28(31)	—	31	—	32	32	33
3	…	—	—	—	…	31	33	31	33	32
4	28(30)	—	28	29(32)	25(32)	31	31	—	32	—
農家番号 5	26(29)	29(30)	27	—	—	29	—	32	31	33
6	—	—	—	—	—	31	29(33)	33	33	33
7	…	—	—	28(31)	—	29	29	33	32	31
8	—	—	27(30)	—	—	33	30	—	31	27
9	30(31)	—	—	30(32)	—	—	33	32	31	32
10	27(29)	—	28(30)	…	…(29)	29	29	31	32	30
11	—	—	29(31)	24(29)	—	31	—	31	30	31
12	…	28(29)	27	23(28)	—	—	30	32	30	33
13	—	—	27	—	—	31	…	32	30	—
14	…	—	—	…	…	29(32)	32	32	30	32
15	—	—	23	23(30)	—	—	23	31	31	31
16	26(31)	—	28(30)	26(30)	—	—	28(31)	31	33	30
17	—	—	25(31)	—	24(29)	—	29	32	30	31
18	—	28(30)	25(30)	—	—	—	26	33	30	29
19	25(31)	29(31)	25(30)	—	—	27	27	31	31	31
20	—	—	—	—	—	31(32)	29	—	30	32
21	—	—	26(28)	—	26(30)	30	29	32	30	32

22	—	—	25	23(33)	24	29(30)	26	30	—	29
23	26(28)	—	26	24(32)	…(26)	27(28)	26	31	31	28
24	25(29)	—	27(30)	—	—	—	—	31	30	26
25	—	29(30)	—	—	—	31	—	31	30	—
26	—	—	27(31)	22(33)	23(26)	31	31	32	32	33
27	…	—	28	…	…	30	28	32	29	33
28	…	—	32	…	—	31	26	33	31	—
29	…	—	…	29(31)	—	26(27) 33※	30	32	30	32
30	—	—	26(27)	—	—	32	—	32	32	32
31	28(29)	—	29(30)	28(29)	25(29)	32	31	30	30	32
32	—	—	29(31)	31	—	31	26(30)	32	32	31
33	26(28)	30(31)	28(29)	25(29)	—	32(33)	28	31	32	32

( ) は栽培廃止年次
※ は再採用

品　　種	栽培総戸数	編入後翌年までに採用した農家
農林32号	12	6
てどりわせ	6	2
農林23号	25	1
農林30号	14	4
山陰17号	7	1
こがねなみ	26	3
近畿33号	26	17
ふくみのり	30	2
ほうねんわせ	32	20
やえほ	29	13

第6図 農家の奨励品種栽培状況

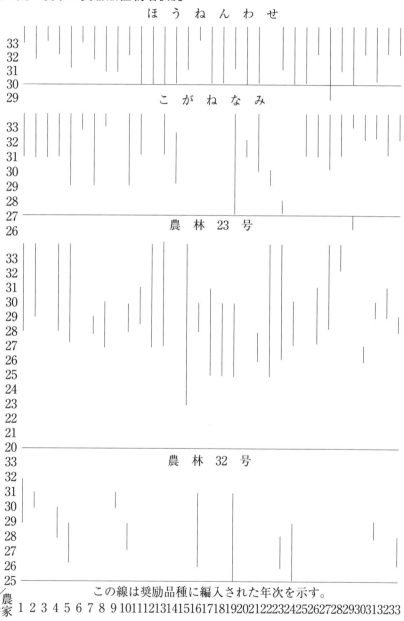

この線は奨励品種に編入された年次を示す。

大抵の品種については、普及までに数ヶ年を要し、長いものは10年以上もかかっている。傾向としては、近年奨励品種に編入された品種は、普及の速度が早い。これは品種そのものの進歩にもよるが、マスコミの発達や、指導機関の充実も原因しているであろう。

　ほうねんわせについては、極早生唯一の品種であった農林1号が、イモチ病に弱いところから、農民は新品種の出現を久しく待望していた。そこへイモチ病に強く、しかも多収で品質が良いという、この品種が現れ指導者があげて奨励したのだから、普及が早かった。

　近畿33号についてはその普及の経路は明らかでないが、奨励品種になるまでに、既に相当作付けされていたようである。

第39表 新技術をとり入れた年次

技術＼農家番号	1	2	3	4	5	6	7	8	9	10	11	12	13	14	15	16	17
保温折衷苗代	32	30	30	33	27(32)	32	32	30	31	28	31	30	30	31	28	28(31)	30(32)
早植栽培	32	31	31	33	32	32	32	30	31	30	31	30	30	31	31	31	30
塩安	32	…	31	…	28	…	29	…	32	…	…	32	28	…	29	30	…
塩化加里	…	29	30	…	27	…	29	30	…	29	29	27	28	29	28	30	29
珪酸肥料	33	33	32	32	29	33	31	32	32	31	29	30	30	32	30	30	31
有機燐製剤	32	31	30	32	30	—	32	33	32	28	31	30	28	29	31	30	31
BHC	32	30	30	33	30	30	32	33	31	…	29	32	…	29	30	—	29
セレサン石灰	32	30	30	33	30	…	32	33	32	28	31	30	28	29	31	26(30)	…
除草剤	—	—	33	—	31	—	—	—	—	33	27	30	—	—	27	28×	—
早期除草	33	32	32	32	32	—	27	32	—	29	31	31	30	31	31	33	31
適期中干	33	32	30	33	30	—	32	32	32	29	29	32	30	31	31	32	31

技術＼農家番号	18	19	20	21	22	23	24	25	26	27	28	29	30	31	32	33
保温折衷苗代	28(30)	29	31	31	27	29(31)	25(30)	26(31)	28	26(30)	31	30	27(31)	30	26(30)	33
早植栽培	30	31	31	32	27	29	31	31	31	30	30	32	30	30	29	26(30)
塩安	28	30	30	28	27	27	28	28	30	31	30	32	30	30	30	29
塩化加里	…	26	…	29	25	…	28	26	27	30	28	29	…	29	30	29
珪酸肥料	31	30	31	31	31	32	30	31	31	32	30	30	30	31	30	30
有機燐製剤	30	28	—	30	30	31	27	30	31	32	32	33	32	30	30	30
BHC	26	…	29	30	29	31	28	30	31	32	31	32	31	…	30	29
セレサン石灰	29	27(29)	…	30	29	…	28	25	28	30	31	28	30	31	29	28
除草剤	—	29	—	32	27	—	26(30)	31	28(×)	—	33	—	—	—	—	25(32)
早期除草	32	29	32	31	27	30	30	31	30	31	31	30	30	—	32	30
適期中干	32	29	33	32	27	31	30	29	27	30	32	30	30	—	—	31

注1．折衷苗代、肥料、農薬については、初めてとり入れた（使用し始めた）年次。早植栽培については、特に早くなった（5月上中旬植）年次。早期除草、中干については、おそくとも幼穂形式期までに止草を、凡そ有効分けつ終止期から中干を実施する様になった年次。
注2．（　）は一旦やめて再びとり入れた年次、（×）は翌年からやめたもの。

　第39表は、主な技術の導入について、個人別に、その年次を示したものである。

　保温折衷苗代は昭和25年から奨励されているが、農家が採用したのは、多くは30年以降であることがこれによって分る。⑤ ⑯ ⑱ ㉓ ㉔ ㉕ ㉛ ㉝は、いずれも失敗して一旦やめ、再び30年以降から実施した農家である。この失敗の最大原因は、折衷苗代によって良苗を得、近隣よりも、幾分早目に田植を行ったために、イネクロカメ虫、メイ虫の巣窟となったからである。そこで有機燐製剤があらわれ一般的に早植の傾向になってから、これらの人達は、再び折衷苗代を採用するようになったのである。

　セレサン石灰や、除草剤についても、やはり、特別に早く使用したものは、失敗している。⑯ ⑲ ㉔ ㉖ ㉝番がそうである。これらはいずれも、使用法を誤って稲に薬害を生じたのであった。

　農家は、新技術の導入に対して、消極的であるといわれているが、この様に早くとびついたものが失敗していることからみるとそれもうなづけるわけで、消極的というより、むしろ安全経営のためともいえる。

　ある程度、危険をおかしてでも、新技術を導入出来るという農家は、経営規模の大きな農家であると考えられる。こうした農家10戸を見るとそのうち1町未満の農家は1戸、5反未満の農家は3戸、他の6戸は1町5反以上の農家であった。

また、第39表を一瞥して、保温折衷苗代を早くとり入れた農家⑤ ⑩ ⑮ ⑯ ⑱ ⑲ ㉒ ㉓ ㉔ ㉕ ㉛ ㉝は大体において、他の技術導入も早かったようである。技術相互に関連があるからでもあろうが、一つは農家の性格にもよろう。このいわば先進的12戸のうち⑱ ㉓ ㉔ ㉛の4戸を除くと、いずれも標準より、反当収量又は増収率が高いことも注目して良いであろう。（第17表参照）。

　早植栽培は30年から指導されているが、この年に実行したのは12戸で普及の速度としては早い方であった。

　塩安と塩化加里は無硫酸根肥料への転換、加里の増施ということで、26年から指導されているが、その年に塩化加里を施用した農家が3戸あるだけで、他の多くは、28、9年以降になって施用し始めている。珪酸肥料は、29年に紹介されたものであったが、30年以降急速に普及したことは、何よりもその効果が顕著であったことによることは既に述べた。

　有機燐製剤ホリドールは、27年に試験田が設けられたが、28年までにこれを撒布した農家は5戸に過ぎなかった。メイ虫にとっては正に特効薬であったにもかかわらず多くは、30、31年以降になって使用されるのはホリドールの毒性が強いためであったと思われる。従ってそれより低毒性のE.P.N.の出現によって、一般化したと考えて良い。BHCの普及は、これより少し早いが、それでも多くは30年以降になって使われている。BHCは25年に既にクロカメムシの駆除剤として奨励されているのであるが、当時は1％の粉剤で実用的価値はなかった。これが「BHCは効果のないもの」という観念を農家に植えつけ、27年に3％粉剤が出まわるようになってからでも農家はなかなか使おうとしなかったもののようだ。

　セレサン石灰が、製品として出まわるようになったのは28年でこの時

既に9戸の農家（失敗したものも含めて）が使用しているのは、旧来イモチ病に対する適切な薬剤がなく、期待が大きかったからであろうと思う。

除草剤は25年に、早期除草、適期中干については27、8年から指導されている。

除草剤の普及については、既に触れるところがあったから省略するが、早期除草や適期中干は大半の農家が、31年まで行なっていない。これは何故であろうか。

稲作生理に関する知識の普及によって、農家は、この技術が良いことは充分知っていた（農家はそう答える）。しかし、早期除草にしても、湿田の株切中干にしても、労力的に無理であったという。

ところが、除草剤が出来、早植によって労力の配分が良くなるとそれが可能になってきたのである。のみならず、肥料の増投による倒伏の危険、毒性の強い危険な農薬の撒布は中干の実施と除草の早期きりあげを余儀なくした。また中干をすると、メイ虫の被害が多くなるのが普通であったが、農薬によって、その心配がなくなったし、中干をするためには、それまでに除草を終ってしまうことが必要だった。

こうしてみると、早期除草・適期中干という技術の変化は、指導者の指導があったからには違いないが、早植、除草剤、農薬の普及によって自然的に成立した技術体系であったということも出来るのである。

技術普及の農家による時間的変異をみると、技術の種類によって、それが多少違っていることが分る。

最も変異の少ないのは早植栽培で、殆ど2～3年の間に全戸に普及している。次で早期除草が比較的変異の少ない傾向を見せ、肥料、農薬は次のように個人の開きが大きい。

	採用の早かった人の年次	遅かった人の年次	その開き
塩　安	27	32	6年
塩化加里	25	30	6年
有機燐製剤	27	33	7年
BHC	24	33	10年
セレサン石灰	25	33	9年
除草剤	25	33	9年

　早植栽培や、除草が比較的変異の少なかったのは、これらの作業はその性質上目立ち易く、それが良いということが分ると、心理的な影響で地域的に慣行化し易いためと思われる。また水利や結い等の関係もあって、一人立進んだり、遅れたりすることは許されないからでもあろう。

　この点、肥料や農薬はそんなこととは関係なく、一般の人と変ったやり方をしていても、人に迷惑をかけるようなことはないし、そのこと自体が、他人に気付かれないことが多い。

　若干の技術について、変異の状況を示したのが第7図である。

第7図 技術浸透の人による時間的変異

こういう変異が個々の農家の経営条件によって、やむなく生じているものであるか、他の原因によって起ったものであるかを見究めることは、重要なことだと思う。
　ここに示されたものとしては技術の性格から判断して、或は調査農家の経営条件から考えても、前者であるとする理由は少ない。とすると、この変異は個々の農民のパーソナリティや広義のリーダーに恵まれていたか否かといった問題によって生じたものとしなければならない。
　技術の進歩発展が農民間に変異の多いことは均衡的発展という、普及指導の原則から好ましくないことであるし、これからの農業の発展形態（集団的、協同的農業）から考えてもよいこととは言えない。

収穫後の稲架かけ乾燥
福井県立若狭歴史民俗資料館発行『写された若狭—古写真の世界』より

Ⅶ　まとめ

（1）調査の目的と方法

　この調査は、戦後における稲作生産力の発展過程を技術の変貌と、いわゆる農民指導の立場からとらえる目的で実施した。

　調査の対象は、福井県遠敷郡上中町旧野木村で、旧来低位生産地といわれたところであるが、農業環境としては平均耕作面積99アールの、ありふれた水稲単作地帯である。

　調査は、33戸を対象とした聴取調査が主なもので、昭和34年1月から3月にかけて実施した。

（2）調査結果のあらまし

　昭和29年頃までは、低位生産地といわれた通り、その反当生産量は福井県の標準より、かなり下回っていたが、その後次第に、その差は縮小し、33年度においては、殆ど同じ位の生産量を示して、すくなくとも最早低位生産地とはいわれなくなっていた。

　この生産量の上昇のしかたは、昭和23年～25年を100とすると、31年以降の増収比が142％で、これは必ずしも天候に恵まれたからではなかった。積極的な増収技術と、人為が気象と病虫害を克服したためであったと思われた。

　ところで、生産量とその上昇率には、かなりの個人差が認められた。そして、この差が農家の能力と関係が深いと考えられたところから、一般的な生産力の発展についても、技術の担い手（実行者）である農家、経営者の近年における能力的変化を、無視して考察してはならないように思われた。

　技術に関する調査では、品種、苗代、挿秧、肥料、農薬、管理に至る

まで、かなりの変化が見られた。

　特に変化が顕著で、収量に影響を与えたと思われる技術をあげるとすれば、ほうねんわせなど安定品種の出現、保温折衷苗代等による早植栽培、肥料特に無硫酸根肥料、珪酸石灰、肥鉄土の増施、有機燐製剤、水銀剤によるイモチとメイ虫の完全に近い防除、早期除草、中干の実施などであった。

　しかし、これらの技術は個々バラバラに農家に採用されたのでなく、お互に皆関連を持って、併行的に普及していったものが多かった。その一般的な普及は、昭和30年以降で、この、技術の総合的な普及が、飛躍的な生産発展の技術的要因であった。

　技術相互の関連について農薬を例にあげると、保温折衷苗代による早植は、何よりも農薬の一般的な普及によって促進されたものだった。有機燐製剤のまだない頃に、早植したものは、皆失敗している。また農薬によって肥料の増投が可能となったばかりでなく、管理にまで重大な影響を及ぼした。即ち、特に有機燐製剤などは、その毒性の故に、除草剤の使用と相まって早期中耕除草を促進し、早期中耕除草は、適期の中干実施を可能にしたのである。

　こんな関係が、どの技術の間においても見られた。従ってほんとうは「特に生産力に寄与した技術」をとりあげようとすることには危険性があるといわなければならない。

　なお、技術の変貌を通じて感じられたことは、農民の科学技術に関する基礎的知識の欠除ということである。新肥料を増投するようにはなったが、肥料設計をたてる力のない人が多い。新農薬は使うが農薬や病虫害の理論を身につけている人は少ない。といった例である。

　これは跛行的な技術進歩の型態で、旧来の指導教育のあり方について、

反省が必要であろうと思われた。農協、役場、普及所等の農民指導機関も29〜30年を転機として、量的に充実し、また質的にも生長した。役場の旧来からの補助金政策よりの脱皮、農協営農指導職員の実質的な増員、改良普及員の、農事研究会員を対象とした重点指導と、一般農民に対する集団的、能率的普及方法の採用などがそうである。更に、30年にこの三者を含めた、上中町農業指導連絡会が生れたことは指導者間の連絡協調を良くして、活動を円滑にした。

　これらの好条件は30年以降の農家に対する知識、技術の普及件数の増となって聴取調査にもあらわれた。

　しかし、改良普及員等職業的、形式的指導者には、次のような特徴——反省すべき点が見出された。即ち、労働能率の向上や、労力の軽減に対しては、積極的な指導が見られなかったこと、階層の低い農家に対して手薄であったことなどである。

　技術普及の経路についてみると、職業的指導者が直接農民に接し或いはいろいろな手段を通じて指導した技術は、そのまま対象となった農民に浸透する場合もあるが、農民の間で話合いが行われ農民から他の農民へと伝播されて、経営の中にとり入れられていくものが多い。特にこうした技術の伝播交換は、距離的に近い人達の間で行われることが多かった。

　この点から考えて、部落集団の人間関係を重視することが、指導上必要であるように思われた。

　技術の浸透定着はさきにも述べたように確かに30年以降急速に進んだ。そして、それが連続豊作という現象にあらわれているように思える。しかし、それらの技術乃至は基礎的知識に関する指導は、実は、数年乃至十余年も前から行われていたものであることを見逃してはならない。

近年新しく出現した技術は、普及の早かった傾向はあるが、それでも、1～2年の間に全般の農民に普及するというようなことは珍しかったのである。

　大抵の技術はその普及に数年を要していたし、人によっても、その速度にかなりの差異が見られ、早い人と遅い人との間には、数年乃至は10年位の開きがあった。

　このような技術の普及に費やされる期間、或は個人間の変異は普及しようとする技術と諸条件との関係、経営規模や農民の生産意欲との関係の他、広義のリーダーとの接触関係によって異なっていることが感じられた。これも吾々に、指導普及方法上の、反省と研究を求める結果に他ならなかったのである。

（3）調査地域の展望

　稲作技術のこれからの展望についてはふれなかったが、現状の湿田稲作技術では生産力は大方もう限界にきているように思える。技術浸透の件数が、33年度において減少しているのは、湿田稲作技術の行詰り（停滞）を物語るものではあるまいか。（新農村建設計画によって指導者が、畜産・裏作・土地改良などを重視して、その方面に力を注ぐようになったことにもよろうが、）

　また、区画の狭小、用排水路・農道の不備等の悪い耕地条件は、技術的にも労力的にも稲作の発展を阻害しているようである。

　今日までの技術の進歩、生産量の増大はそれらの問題をそのままにして、可能な限りの努力が払われることによってもたらされてきた。

　しかし、堆肥の増施による地力の増進・倒伏の防止・根腐れの回避・合理的な水管理等の主要な技術は地下水の高い湿田状態では限界があり、田植・農薬撒布・刈取などの作業も現状の耕地条件ではその能率を

増進することは不可能である。

　今後総体的に生産量が増加するとしても、わずかに一部の遅れた農家が水準の生産量をあげることを期待し得るだけであろう。

　地力の増進・新技術の採用とその自在なる駆使・労働能率の向上によって将来更に生産力を高めようとするならば、乾田化、区画整理・交換分合を含めた総合的な土地改良が実施されなければならない。

　このことは実は、既に関係指導者が着目して32年の春以来、その啓蒙と準備がすすめられてきた。そして34年7月には、多数農民の賛成で280ヘクタールに及ぶ土地改良事業計画書（総工費1億1千万円）が作成され、土地改良区の設立許可が申請されている。（注─この土地改良事業はその後完成）

　法人としての資格が得られれば、直ちに着工するということであるが、この土地改良が完成することによって、新しい一歩進んだ技術の体系がそこで打ち樹てられ経営の組織にも変化が起るであろう。

　指導者はその過程において生ずる技術的な諸問題に対して、農民が正しく対処するように指導しなければならない。またそこに新しく生まれることになった経営組織や土地条件に最も合理的に適合した稲作技術体系が確立されるように指導されなければならない。

　当然その段階での指導は、指導の内容ばかりでなく指導普及の方法にしてもその技術等の発展段階、時代の変化に対応して、いろいろの工夫と新しい試みが要求されるであろう。

（4）総　括

　調査地は、気候風土、農家の実態等からみて特殊なところではない。したがって敷衍すれば次のよう総括できる。

　日本の稲作の戦後のおよそ10年は、一本一本の苗を植え、手で草を取

り、イモチ病が発生しないようにと田にお札を立て神仏に祈る、害虫も一匹一匹捕殺する。それでもなお低収多労働の稲作栽培から脱皮して機械や農薬を使い多収安定稲作へと移行する。まさに試行錯誤の時代だった。

　予期しなかった（といってよい。）昭和30年の大豊作は、その間の技術蓄積がみのった結果で、その30年を転機に、日本の稲作は黎明を迎えることになったとみてよい。技術・経営を支えるのは「人」である。本文の「農民集団活動の変化」で見たように、その「人」が農事研究会、農協青年部等を組織し、活発な活動を展開するようになったのは昭和31年以降である。これは農民が30年の農作によって自信を持ち、技術への意欲がさらに喚起され、それが動機づけとなったと見ることができる。こうして31～33年の稲作も引続き安定するところとなったのである。

　（この10年を土台にして、その後時代に適応した高品質の環境にやさしい有機農業等への新展開が可能になったのである。——この部分補筆）

写真・図・表一覧

口絵　黄金に色づいた稲穂 …………………………………………… 3頁
度量衡換算 ……………………………………………………………… 23
写真　牛で代掻き、田植え …………………………………………… 66
写真　田植え前の枠回し ……………………………………………… 69
写真　収穫後の稲架かけ乾燥 ………………………………………… 154

第1図　福井県遠敷郡上中町野木全図 ……………………………… 14
第2図　反当収量の推移 ……………………………………………… 41
第3図　福井県に於ける水稲奨励品種の変遷 ……………………… 56
第4図　臨時雇の月別延人数 ………………………………………… 71
第5図　指導助長件数の年次別比率曲線 …………………………… 141
第6図　農家の奨励品種栽培状況 …………………………………… 146
第7図　技術浸透の人による時間的変異 …………………………… 153

第1表　調査対象とその農家の状況 ………………………………… 16
第2表　土地の状況 …………………………………………………… 23
第3表　経営階層別水田面積 ………………………………………… 23
第4表　経営階層別専業兼業別農家戸数 …………………………… 24
第5表　農家人口 ……………………………………………………… 25
第6表　自小作別農家数及び耕作面積 ……………………………… 25
第7表　家畜 …………………………………………………………… 26
第8表　主要農機具の台数 …………………………………………… 27
第9表　商品としての裏作物作付状況 ……………………………… 27
第10表　水稲生産費と所得 …………………………………………… 28
第11表　水稲反当所要労働量 ………………………………………… 28
第12表　階層別臨時雇数 ……………………………………………… 29
第13表　集団の現況 …………………………………………………… 30
第14表　反当収量と収穫高 …………………………………………… 37
第15表　昭和29年以降の反収 ………………………………………… 38

第16表	年次別米の政府売渡数量	38
第17表	個人別反当収量	39
第18表	最高、最低収量	40
第19表	年次別の被害面積と減収量	43
第20表	年次別気象表　平均気温　降水量と降雨日数	43
第21表	貯金及び貸付金の動向	50
第22表	作付品種の変遷	52
第23表	品種の導入及び廃止の事由	59
第24表	保温折衷苗代設置状況	61
第25表	昭和23年頃の肥料	75
第26表	年次別化学肥料の消費量	78
第27表	水稲の反当投下化学肥料の推移	81
第28表	反当投下購入肥料成分量	82
第29表	野木村に於ける秋落防止に関する試験成績	87
第30表	主要農薬の消費量	91
第31表	二化メイ虫一化期の防除実績	95
第32表	農家別の反当肥料農薬代	97
第33表	昭和30年頃までに指導されてきたこと	119
第34表	昭和26年2・4Ｄ普及状況	129
第35表	技術の変化を指導したもの、助長したもの その①　技術の種類別件数	132
第35表	技術の変化を指導したもの、助長したもの その②階層別年次別件数 a	138
第35表	技術の変化を指導したもの、助長したもの その②階層別年次別件数 b	141
第35表	技術の変化を指導したもの、助長したもの その③個人別件数	142
第36表	技術を指導した人としてあらわれた村内の農民	135
第37表	1農家当りの件数	142
第38表	農家別推奨品種の導入年次	144
第39表	新技術を取り入れた年次	148

原版の序

　30年以来このかた、4年連続の豊作となったが、昔日のことを思うと、実にそれは飛躍的な発展であった。

　そこで、この豊作の原因を探求し、併せてこの際、稲作に関する資料を整理しておくことを思いたった。

　調査は、県遠敷農業改良普及所の村上技師をわづらわすことになったが、公務多端ななかで、研究に従事せられた氏の労苦に感謝しつつ、ささやかなものではあるが、関係者の資とする次第である。

　昭和34年8月15日
　　　　福井県遠敷郡上中町野木農業協同組合
　　　　　　組合長　　　中川　平太夫
　　　　　　　　　（中川平太夫夫氏は、のち昭和42年福井県知事に就任）

原版の著者はしがき

はじめに

　十年ひと昔といわれるが、大低のことは10年もたつと忘れ去られてしまう。

　戦後十余年を経過した今日、水稲生産力及び技術についての、その間の展開構造をふり返って記録しておくことは、今後の稲作を考えるためにも意義深いことであろう。

　そういうことが、この調査の契機となったが、私としては、普及員としてこの村を担当すること久しかったので、この調査を、農家指導という立場で貫ぬき、自己反省の材料とする考えで出発した。

　そのためにも、私がこの調査を実施することは、我田引水となる危険もあるので、躊躇したのであるが、結局、聴取調査に第三者である北野祐一氏（福井県小浜農業改良普及所）、田中光雄氏（鯉渕学園畜産研究室）の御両人に御協力願うことによって実施することにした。御二人に深く感謝する次第である。

　こうして私としては、出来るだけ客観的にとらえたつもりでいるが、なお誤まった点、不充分な箇所も、甚だ多いと思われるので、各位の御指摘、御叱正を頂ければ幸いである。

　調査の対象である、遠敷郡上中町野木地域は、ありふれた水田単作地帯で、農業環境にも特異性がないと思われるので、この調査結果も、特異なものではないと思っている。

　ただ指導という立場からの分析は、要素が複雑で普遍的な結果は少ないとも思われる。

　末筆ながら、この調査の計画等について、御指導下さった、鯉渕学園

の鞍田純先生、調査について御協力頂いた、野木農業協同組合の、専務理事松宮徹雄氏、指導部の白崎、居関両君に厚く御礼申上げる。
　昭和34年8月14日
　　　　　　福井県遠敷農業改良普及所
　　　　　　　　技　師　　　　村上　利夫

　　　―この報告書はガリ版ズリで50部ほど作成配布された―

著者プロフィール
村上 利夫（むらかみ としお）

- 1932（昭和7）年3月　福井県若狭町（旧上中町）生まれ。
- 1952〜　福井県農業改良普及員・専門技術員等
- 1971〜1976　福井県立農業短期大学校教授
  その後福井県農林水産部長、同県議会議員、
  同県農業会議会長、同県森林組合連合会長などを経て、
  福井県小浜市長（2000年8月〜2期）
- 現在　全国歴史研究会本部正会員
- 1998　協同農業普及事業功労（農林水産大臣）
- 2001　緑白綬有功章（大日本農会）
- 2009　旭日小綬章
- 2009　緑化功労表彰（農林水産大臣）

主な著書
- 農業の経営と農協（養賢堂）神谷慶治編共著
- 実践農業指導論（農業図書）
- 食管—80年代における存在意義（御茶の水書房）近藤康男編共著
- 縁が生きる—次代を育むまちづくりの実践（河出書房新社）
- 明治期・波東農場史（友月書房）
- 梅田雲浜の人物像（友月書房）

戦後稲作技術史——その技術普及過程・福井県若狭地方の事例

2018（平成30）年2月20日　初版第1刷発行

　　著者　村上利夫
　　発行　一般社団法人東京農業大学出版会
　　　　　代表理事　進士五十八
　　　　　〒156-8502　東京都世田谷区桜丘1-1-1
　　　　　Tel. 03-5477-2666　Fax. 03-5477-2747

©村上利夫　　印刷／共立印刷
ISBN978-4-88694-478-8　C3061　￥1800E